宝宝

芝宝贝 zhibabu

52周

完美方案

BAO BAO 52 ZHOU
WAN MEI FANG AN

金海豚婴幼儿早教课题组　编　著

U0244454

时代出版传媒股份有限公司
安徽科学技术出版社

图书在版编目（CIP）数据

宝宝52周完美方案/金海豚婴幼儿早教课题组编著. --合肥：安徽科学技术出版社，2012.4

ISBN 978-7-5337-5404-4

Ⅰ. ①宝… Ⅱ. ①金… Ⅲ. ①婴幼儿-哺育-基本知识 Ⅳ. ①TS976.31

中国版本图书馆CIP数据核字（2012）第010694号

宝宝52周完美方案　　　　　金海豚婴幼儿早教课题组 编著

出版人：黄和平　　　　选题策划：王晓宁　　　　责任编辑：杨 洋

出版发行：时代出版传媒股份有限公司　　http://www.press-mart.com

安徽科学技术出版社　　http://www.ahstp.net

（合肥市政务文化新区翡翠路1118号出版传媒广场，邮编：230071）

电话：（0551）3533330

印　制：北京恒石彩印有限公司　　　　电话：（010）60295960

（如发现印装质量问题，影响阅读，请与印刷厂商联系调换）

开本：710×960　1/16　　印张：16　　字数：135千

版次：2012年4月第1版　　2012年4月第1次印刷

ISBN 978-7-5337-5404-4　　　　　　　　　　定价：29.80元

宝宝52周
完美方案

前 言

FOREWORD

宝宝的出生是父母一生中最激动的时刻之一。当父母抱着自己创造的小生命时，心中会充满无限希望，憧憬着未来。在这一份希望和感动的背后，新手父母也会察觉到压在自己肩头的甜蜜负担又沉重了些许。现在，盼望已久的小宝宝已经出生了，如何让宝宝健康、快乐地成长？宝宝会长成什么样子？他（她）聪明吗？他（她）会长得很快吗？他（她）什么时候能走路能说话？如何为宝宝安排健康的饮食、起居？如何在宝宝生病的时候科学地照顾他（她）……这些问题都会涌入没有经验的新手父母的脑海中。

刚出生的宝宝生长发育速度很快，每天都在变化，因此，每一天，对于宝宝和父母来说都是一个崭新的开始。父母都希望自己的宝宝是最棒的，所以都会为宝宝创造最好的成长条件，给他（她）最舒适的环境、最细心的呵护和最科学的教育。但宝宝不同的成长时期，其喂养护理要求也都是不同的，如何喂养和护理、如何锻炼以及如何教育，都要根据宝宝成长的不同时期来确定。

然而，很多父母在养育宝宝方面都会存在误区。为了帮助父母在育儿道路上少走弯路，更多地享受和宝宝在一起的美好时光，我们请育儿专家编著了这本书。借助这本书，各位新手父母可以对宝宝进行科学的养育。本书从日常护理、喂养、疾病防治以及体能和智能的生长发育等方面条理清晰地解决了新手父母遇到的育儿问题，帮助新手父母从容地应对宝宝身上已经出现或可能出现的各种情况，轻轻松松地养育宝宝。

本书内容丰富，通俗易懂，实用性强，希望能成为父母养育宝宝的得力助手。相信通过科学专业的经验指导，丰富翔实的深度剖析，一定能帮助父母打开宝宝通向智慧、健康的通道，从而使宝宝拥有一个绚丽多彩的未来！

鸣　谢

宝宝模特：　樱　桃　　蒙乐山　　Johnny　　悦　歌　　黄煜宸
　　　　　　之　之　　顾苏妮妮　　王诺晗　　小东子
　　　　　　鼎　鼎　　刘腾文　　牙　牙

特邀模特：　瞿　力　　崔晶晶　　曲　双　　侯　辉　　李　枫
　　　　　　李晶晶

摄影师：　　郭泳君　　李永雄　　武　勇　　红　雷　　David
　　　　　　刘志刚

宝宝52周
完美方案

目　录

CONTENTS

第一章　1～4周宝宝完美养护

第1周

日常护理 …………………… 2
　学会分辨宝宝的哭声 ……… 2
　小心护理宝宝的肚脐 ……… 3

喂养要点 …………………… 3
　母乳让宝宝提高
　　免疫力 …………………… 3
　按需喂养 …………………… 4

体能和智能 ………………… 4
　多和宝宝交流 ……………… 4
　宝宝很懂事 ………………… 4

健康与安全 ………………… 5
　生理性黄疸 ………………… 5

　宝宝大便的颜色 ………… 5

第2周

日常护理 …………………… 6
　选择合适的纸尿裤 ………… 6
　给宝宝穿衣服 ……………… 6

喂养要点 …………………… 7
　哺乳的正确姿势 …………… 7

体能和智能 ………………… 8
　为宝宝准备玩具 …………… 8
　用爱和宝宝交流 …………… 8

健康与安全 ………………… 9
　预防尿布疹 ………………… 9

第3周

日常护理 ············· 10
　给宝宝洗澡 ············· 10
　为宝宝按摩 ············· 11

喂养要点 ············· 12
　保证母乳充足 ············· 12

体能和智能 ············· 13
　手指锻炼 ············· 13
　体能锻炼 ············· 13

健康与安全 ············· 13
　给宝宝照相时要关掉
　　闪光灯 ············· 13

第4周

日常护理 ············· 14
　轻松换尿布 ············· 14
　使用尿布应注意的事项 ··· 14

喂养要点 ············· 15
　应对宝宝拒绝母乳 ········ 15
　哺乳妈妈用药原则 ········ 15

体能和智能 ············· 16
　训练新生儿抬头 ········· 16
　训练宝宝做伸展运动 ······ 16

健康与安全 ············· 16
　宝宝呼吸时嗓子发出响声
　　需要治疗吗 ············· 16
　皮疹 ············· 16

第二章
5～8周宝宝完美养护

第5周

日常护理 ············· 18
　不宜给宝宝戴手套 ········ 18
　给宝宝剪指（趾）甲的
　　方法 ············· 19

喂养要点 ············· 19
　喂养要求 ············· 19
　母乳喂养的注意事项 ······ 20

体能和智能 ············· 20
　锻炼宝宝颈部的
　　支撑力 ············· 20
　适当的户外活动 ········· 21

健康与安全 ············· 21
　湿疹的治疗和护理 ········ 21
　服用糖丸预防小儿
　　麻痹 ············· 21

第6周

日常护理 ············· 22
　宝宝在不同季节的护理
　　要点 ············· 22

喂养要点 ············· 23
　给宝宝补充维生素D
　　和钙 ············· 23

宝宝需要补充脂肪酸
DHA和维生素A ………… 24

体能和智能 ………… 24
训练宝宝的感官 ………… 24

健康与安全 ………… 25
枕秃是因为缺钙吗 ……… 25
肠绞痛 ………………… 26

第7周

日常护理 ………………… 27
不同季节的穿衣要求 …… 27

喂养要点 ………………… 28
哺乳时要尽量先排空
一侧乳房 ……………… 28
调整好夜间喂奶的
时间 …………………… 28

体能和智能 …………… 29
帮宝宝做婴儿体操 ……… 29

健康与安全 …………… 30
及时发现鹅口疮 ………… 30
宝宝小便次数减少 ……… 30

第8周

日常护理 ………………… 31
宝宝的睡眠规律 ………… 31
克服宝宝"睡倒觉" ……… 31
宝宝睡觉不沉的原因 …… 32

喂养要点 ………………… 32
宝宝吃奶时间缩短 ……… 32
母乳和牛奶能混合
喂养吗 ………………… 32

体能和智能 …………… 33
训练宝宝的听觉 ………… 33
给宝宝听音乐 …………… 33

健康与安全 …………… 34
新生儿夜哭 ……………… 34
宝宝入睡后打鼻鼾 ……… 34

第三章

9～12周宝宝完美养护

第9周

日常护理 ………………… 36
宝宝的作息参考方案 …… 36
培养宝宝自然入睡 ……… 37

喂养要点 ………………… 37
宝宝需要的营养素 ……… 37

体能和智能 …………… 38
训练宝宝手的握力 ……… 38
训练宝宝俯卧抬头 ……… 39

健康与安全 …………… 39
导致宝宝腹泻的原因 …… 39
对症处理宝宝腹泻 ……… 40

第10周

日常护理 ………… 41
给宝宝少穿一点 ………… 41
给宝宝理发 ………… 41

喂养要点 ………… 42
不适合哺乳的新妈妈 ……… 42
妈妈生病了还可以
哺乳吗 ………… 42

体能和智能 ………… 43
训练宝宝翻身 ………… 43
和宝宝做感官刺激
游戏 ………… 43

健康与安全 ………… 44
应对便秘的策略 ………… 44

第11周

日常护理 ………… 45
宝宝居室的温度与湿度
要求 ………… 45
带宝宝外出时的注意
事项 ………… 46

喂养要点 ………… 46
宝宝吃不饱的应对
策略 ………… 46
不要过早给宝宝添加
辅食 ………… 47

体能和智能 ………… 47
蹬球游戏 ………… 47
看图游戏 ………… 47

健康与安全 ………… 48
宝宝大便溏稀 ………… 48
宝宝一吃就拉 ………… 48

第12周

日常护理 ………… 49
新生儿的睡眠环境不必
太安静 ………… 49
如何应对宝宝啼哭 ……… 49

喂养要点 ………… 50
妈妈上班前的必要
准备 ………… 50
可以给宝宝多加
牛奶吗 ………… 51

体能和智能 ………… 51
培养宝宝的发音和语言
能力 ………… 51
培养宝宝的社会行为
能力 ………… 51

健康与安全 ………… 52
注射"百白破"三联
疫苗 ………… 52
接种疫苗后有不良反应
该如何处理 ………… 52

第四章
13～16周宝宝完美养护

第13周

日常护理 ·············· 54
宝宝流口水的原因 ········ 54
为宝宝准备围嘴 ········ 55

喂养要点 ·············· 55
宝宝的喂养原则 ········· 55
吃奶次数和吃奶量
该怎样把握 ········· 55

体能和智能 ·········· 56
训练大小肌肉运动
能力 ········· 56

健康与安全 ·········· 57
为什么宝宝睡眠时
很容易被惊醒 ·········· 57
缺铁性贫血的原因和
防治 ············· 57

第14周

日常护理 ·············· 58
为宝宝准备枕头 ········ 58
宝宝可以使用儿童
车吗 ········· 58

喂养要点 ·············· 59
奶量减少的原因 ·········· 59
双胞胎宝宝的母乳
喂养 ········· 59

体能和智能 ·········· 60
宝宝开始有6种情绪
反应 ········· 60
增加户外锻炼的时间 ······ 60

健康与安全 ·········· 61
宝宝感冒的原因和
对策 ········· 61

第15周

日常护理 ·············· 62
训练宝宝定时大便 ······ 62

喂养要点 ·············· 62
特殊乳房的妈妈怎样
哺乳 ········· 62

体能和智能 ·········· 63
逗引游戏 ············· 63
球类游戏 ············· 64

健康与安全 ·········· 64
药物对接种疫苗的效果
有影响 ········· 64
接种疫苗后发热
怎么办 ········· 64

第16周

日常护理 ·············· 65
与宝宝一起睡觉 ·········· 65
与宝宝一起睡觉时的
注意事项 ·········· 65

喂养要点 ·············· 65
宝宝边吃奶边睡觉利少
弊多 ·········· 65
让宝宝摄入足够的
维生素 ·········· 66

体能和智能 ·············· 67
训练宝宝坐起来 ·········· 67
做手部肌肉的训练 ········· 67

健康与安全 ·············· 68
宝宝鼻塞 ·········· 68
宝宝肛裂 ·········· 68

第五章
17～20周宝宝完美养护

第17周

日常护理 ··········· 70
给宝宝穿袜子 ·········· 70
正确选择衣服 ·········· 71

喂养要点 ··········· 72
添加辅食的原则 ········· 72
宝宝可以接受的辅食有
哪些 ·········· 72

体能和智能 ··········· 73
继续训练大小肌肉运动
能力 ·········· 73
教宝宝认识外界事物 ····· 73

健康与安全 ··········· 74
宝宝一般何时开始长
乳牙 ·········· 74

第18周

日常护理 ··········· 75
宝宝白天一般睡多长
时间 ·········· 75
让宝宝安然入睡 ········· 75

喂养要点 ··········· 76
宝宝一日饮食怎样
安排 ·········· 76
添加辅食的注意事项 ····· 76

体能和智能 ··········· 77
认知能力训练 ········· 77
触摸感知训练 ········· 77

健康与安全 ··········· 78
宝宝出牙时会痛吗 ······· 78

咬嚼可以减轻牙床的
疼痛 …………… 78

第19周

日常护理 …………… 79
把洗澡变成一件快乐
的事 ………… 79
和宝宝一起洗澡 ……… 79

喂养要点 …………… 80
宝宝需要补铁 ………… 80
为宝宝制作果汁、菜汁
和米糊 ………… 80

体能和智能 ………… 81
视觉感知训练 ………… 81
听觉感知训练 ………… 81

健康与安全 ………… 81
宝宝出牙期间的口腔
卫生 ………… 81
影响宝宝牙齿发育的
因素 ………… 82

第20周

日常护理 …………… 83
给宝宝洗头 ………… 83
帮宝宝学会使用
杯子 ………… 83

喂养要点 …………… 84
给宝宝吃水果 ………… 84
不能用水果代替
蔬菜 ………… 85

体能和智能 ………… 85
可供这个月宝宝玩耍的
玩具 ………… 85
训练宝宝的记忆力 …… 86

健康与安全 ………… 86
宝宝为什么会突然哭闹 … 86
发生肠套叠时有哪些
表现 ………… 86

第六章
21～24周宝宝完美养护

第21周

日常护理 …………… 88
护理要点 ………… 88
宝宝大小便有什么规律 … 89

喂养要点 …………… 89
宝宝的饮食 ………… 89

体能和智能 ………… 90
大小肌肉的运动能力
训练 ………… 90

咀嚼和吞咽能力的
　训练 ·············· 90

健康与安全 ········· **90**
　预防夏季热病 ········ 90
　应对麻疹 ············ 91

第22周

日常护理 ··········· **92**
　选择宽松的衣服 ······ 92
　宝宝能穿鞋吗 ········ 92

喂养要点 ··········· **93**
　宝宝半夜索食的应对
　策略 ················ 93
　辅食的制作要点 ······ 93

体能和智能 ········· **94**
　不要冷落宝宝 ········ 94
　教宝宝认识自己 ······ 94

健康与安全 ········· **95**
　警惕中耳炎与耳垢
　湿软 ················ 95
　预防传染性疾病 ······ 95

第23周

日常护理 ··········· **96**
　宝宝的睡眠规律 ······ 96

宝宝夜间醒来哭闹的
　原因 ················ 96

喂养要点 ··········· **97**
　辅食添加的种类 ······ 97

体能和智能 ········· **98**
　增强感官刺激 ········ 98
　撕纸游戏 ············ 98

健康与安全 ········· **99**
　哪些宝宝应当补铁 ···· 99

第24周

日常护理 ·········· **100**
　宝宝醒太早怎么办 ··· 100
　给宝宝洗澡的注意
　事项 ··············· 100

喂养要点 ·········· **101**
　宝宝能否断奶 ······· 101
　断奶过程中的注意
　事项 ··············· 101

体能和智能 ········ **102**
　培养宝宝的爱心 ····· 102
　提高宝宝人际交往
　能力的最佳时机 ····· 103

健康与安全 ········ **104**
　预防宝宝食物过敏 ··· 104

第七章
25～28周宝宝完美养护

第25周

日常护理 …………… 106
宝宝的睡眠规律 ………… 106
宝宝睡不着怎么办 ……… 107

喂养要点 …………… 107
宝宝一天食谱 …………… 107
适合宝宝吃的食物 ……… 108

体能和智能 ………… 108
锻炼颈背肌和腹肌 ……… 108
训练手部力量和灵活性 … 109

健康与安全 ………… 110
提高宝宝的抵抗力 ……… 110
不要总让宝宝坐在
婴儿车里 …………… 110

第26周

日常护理 …………… 111
培养宝宝定时大小便 …… 111
室内裸体空气浴 ………… 111

喂养要点 …………… 112
培养宝宝良好的饮食
习惯 ………………… 112

应对宝宝挑食的
策略 ………………… 113

体能和智能 ………… 113
观察力和判断力的
培养 ………………… 113
不能忽视玩具的副
作用 ………………… 114

健康与安全 ………… 115
护理感冒的宝宝 ………… 115

第27周

日常护理 …………… 116
保证宝宝的安全 ………… 116
宝宝爱趴着睡 …………… 117

喂养要点 …………… 117
适当给宝宝添加强化
食品 ………………… 117

调整饮食应对便秘 ……… 117

体能和智能 ………… **118**

传递游戏 …………… 118

适合宝宝听的音乐 ……… 118

健康与安全 ………… **119**

突发性发疹 …………… 119

突发性发疹与麻疹

的区别 …………… 119

第28周

日常护理 ………… **120**

不能洗澡的情况 ……… 120

给宝宝擦澡 ………… 120

喂养要点 ………… **121**

让宝宝学会使用

小勺 …………… 121

宝宝吃饭时用手

乱抓 …………… 121

体能和智能 ………… **122**

让宝宝感受室外儿童

锻炼器械 ………… 122

培养宝宝的自理能力 …… 123

健康与安全 ………… **123**

宝宝淋巴结肿大 ……… 123

不能给宝宝吃咀嚼过

的饭 …………… 124

第八章

29～32周宝宝完美养护

第29周

日常护理 ………… **126**

给宝宝自由活动的空间 … 126

千万不要抛扔宝宝 …… 127

喂养要点 ………… **127**

宝宝的饮食特点 ……… 127

宝宝的食物种类 ……… 128

体能和智能 ………… **129**

继续练习手部动作 …… 129

爬行的训练 ………… 129

健康与安全 ………… **130**

齿斑的原因及解决办法 … 130

宝宝大便中夹有血丝 …… 130

第30周

日常护理 ………… **131**

宝宝怕生的应对方法 …… 131

使用便盆的注意

事项 …………… 132

喂养要点 ………… **132**

控制宝宝吃糖 ……… 132

让宝宝多吃蔬菜 ……… 133

体能和智能 ·············· 134
　开阔宝宝的眼界 ········· 134
　让宝宝在交流中学习
　　语言 ·············· 134

健康与安全 ·············· 135
　宝宝"地图舌"莫惊慌 ··· 135
　宝宝发生抽搐 ········· 135

第31周

日常护理 ·············· 136
　选择衣服 ············· 136
　选择鞋帽 ············· 136

喂养要点 ·············· 137
　宝宝餐位和餐具需
　　固定 ············· 137
　宝宝辅食的用量和
　　餐次 ············· 138

体能和智能 ·············· 138
　不要扼杀宝宝的
　　好奇心 ··········· 138
　选择合适的玩具 ········ 139

健康与安全 ·············· 140
　女宝宝为什么会患
　　阴道炎 ··········· 140
　女宝宝的外阴护理
　　要点 ············· 140

第32周

日常护理 ·············· 141
　清洁卫生很重要 ········ 141
　培养宝宝早睡早起的
　　习惯 ············· 141

喂养要点 ·············· 142
　适当给宝宝吃点肉 ······ 142
　给宝宝做肉末 ········· 142

体能和智能 ·············· 143
　训练模仿技能 ········· 143
　提高辨识危险的
　　能力 ············· 143

健康与安全 ·············· 144
　宝宝的大便有时
　　稀软 ············· 144
　消除宝宝触电的
　　隐患 ············· 144

第九章

33~36周宝宝完美养护

第33周

日常护理 ·············· 146
　选择合适的学步鞋 ······· 146

不要用乳汁涂抹宝宝
　的脸 …………………… 147

喂养要点 ………… **147**

乳汁不再是宝宝的
　主食 …………………… 147
宝宝饮食调理的注意
　事项 …………………… 147

体能和智能 ……… **148**

继续加强基础体能
　训练 …………………… 148
多给宝宝听欢快的
　音乐 …………………… 149

健康与安全 ……… **150**

扁平足产生的原因 …… 150
宝宝牙齿长得慢和
　遗传有关吗 …………… 150

第34周

日常护理 ………… **151**

宝宝睡前哭闹
　怎么办 ………………… 151
宝宝哭闹不能塞
　空奶头 ………………… 151

喂养要点 ………… **152**

解决断奶后的不适
　症状 …………………… 152

体能和智能 ……… **153**

宝宝室内爬行训练 …… 153
及时鼓励宝宝 ………… 154

健康与安全 ……… **155**

结膜炎的护理 ………… 155

第35周

日常护理 ………… **156**

让宝宝尽快入睡 ……… 156
正确对待宝宝的
　安抚物 ………………… 157

喂养要点 ………… **158**

发热时的辅食 ………… 158
腹泻时的辅食 ………… 158

体能和智能 ……… **158**

训练识别不同的
　态度 …………………… 158
感知简单的生活
　常识 …………………… 159

健康与安全 ……… **159**

注意会爬宝宝的安全
　问题 …………………… 159
预防果冻引发宝宝
　窒息 …………………… 160

第36周

日常护理 ·············· 161
　白天的睡眠减少 ······ 161
　别给宝宝玩手机 ······ 161

喂养要点 ·············· 162
　宝宝的饮食搭配 ······ 162
　呕吐时的辅食 ········ 162
　出疹时的辅食 ········ 162

体能和智能 ·········· 163
　教宝宝学说话 ········ 163
　感受大自然 ·········· 163

健康与安全 ·········· 163
　正确看待宝宝大便
　　异常 ·············· 163
　少带宝宝去公共
　　场所 ·············· 164

第十章

37～40周宝宝完美养护

第37周

日常护理 ·············· 166
　把握好生活节奏 ······ 166
　给宝宝选择衣服 ······ 167

喂养要点 ·············· 167
　饮食调节 ············ 167
　宝宝辅食的添加 ······ 168

体能和智能 ·········· 168
　增加爬行训练的难度 ·· 168
　宝宝独自站立的训练 ·· 168

健康与安全 ·········· 169
　宝宝易患的疾病 ······ 169

第38周

日常护理 ·············· 170
　不要给宝宝穿太多
　　衣服 ·············· 170
　不宜给宝宝睡软床 ···· 170

喂养要点 ·············· 171
　宝宝一天食谱 ········ 171
　应该少吃的食品 ······ 171

体能和智能 ·········· 172
　手部技能与全身运动
　　配合训练 ·········· 172
　让宝宝听听自己的
　　声音 ·············· 173

健康与安全 ·········· 173
　宝宝撞头摇晃的原因 ·· 173
　撞头摇晃的解决方法 ·· 174

第39周

日常护理 ·············· 175
带宝宝外出的注意
事项 ············· 175
不要经常把尿 ······ 176

喂养要点 ·············· 176
训练宝宝自己进餐 ····· 176
宝宝断不了母乳
怎么办 ············· 176

体能和智能 ·············· 177
培养宝宝广泛的兴趣 ····· 177
培养宝宝的艺术爱好
或修养 ············· 177

健康与安全 ·············· 178
发生屏息的处理
方法 ············· 178

第40周

日常护理 ·············· 179
观察宝宝的睡眠
状况 ············· 179
睡前不给宝宝吃
东西 ············· 180

喂养要点 ·············· 180
出牙拒食的解决
方法 ············· 180

宝宝为什么厌食
牛奶 ············· 180

体能和智能 ·············· 181
认识事物的训练 ········· 181
教宝宝认识自己 ········· 181

健康与安全 ·············· 182
产生"八字脚"的原因 ··· 182
预防"八字脚" ········· 182

第十一章

41～44周宝宝完美养护

第41周

日常护理 ·············· 184
外出活动要穿鞋
戴帽 ············· 184
选购外衣的基本
要求 ············· 185

喂养要点 ·············· 185
宝宝还得继续喝
牛奶 ············· 185
宝宝的饮食特点 ········· 185

体能和智能 ·············· 186
继续训练宝宝的
体能 ············· 186

搭积木游戏 ·············· 187

健康与安全 ·········· **187**

宝宝出水痘的症状 ········ 187

出水痘的护理策略 ········ 187

第42周

日常护理 ············· **188**

宝宝不愿待在家里 ········ 188

喂养要点 ············· **189**

宝宝的饮食搭配 ········· 189

宝宝一天的食谱该

怎样安排 ············· 189

科学合理地摄入脂肪 ······ 189

体能和智能 ··········· **190**

为宝宝选择合适的

玩具 ················· 190

和宝宝玩手电筒

游戏 ················· 190

健康与安全 ··········· **191**

宝宝打鼾的原因 ········· 191

宝宝打鼾的处理

方法 ················· 191

第43周

日常护理 ············· **192**

外出时的必备物品 ········ 192

带宝宝一起度假的

注意事项 ············· 192

喂养要点 ············· **193**

最好不要让宝宝吃

蜂蜜 ················· 193

吃水果要适量 ··········· 193

体能和智能 ··········· **193**

语言能力的培养 ········· 193

教宝宝认识颜色 ········· 194

健康与安全 ··········· **194**

不能触摸宝宝生殖器 ······ 194

不能捏宝宝的鼻子 ········ 194

第44周

日常护理 ············· **195**

帮助宝宝克服不好的

睡眠习惯 ············· 195

睡午觉很重要 ··········· 195

喂养要点 ············· **196**

停掉母乳的宝宝饮食

特点 ················· 196

体能和智能 ··········· **196**

增强宝宝社交和生活

能力 ················· 196

培养宝宝对他人的亲和力

和爱心 ··············· 197

健康与安全 ·············· 198

宝宝不会站立的因素 ······ 198

宝宝不会站立怎么办 ····· 198

体能和智能 ·············· 203

训练宝宝学走 ·············· 203

教宝宝识数字 ·············· 203

健康与安全 ·············· 204

宝宝的出牙情况 ·········· 204

口齿不清的解决

策略 ·············· 204

第十二章

45～48周宝宝完美养护

第45周

日常护理 ·············· 200

给宝宝布置房间 ·········· 200

宝宝白天睡眠时间的

变化 ·············· 201

喂养要点 ·············· 202

宝宝的饮食原则和

要求 ·············· 202

第46周

日常护理 ·············· 205

让宝宝自己入睡的

方法 ·············· 205

夜里给宝宝喝点奶 ······ 205

喂养要点 ·············· 206

注重规律的饮食

习惯 ·············· 206

进餐时间不能太长 ······ 206

体能和智能 ·············· 207

用玩具对宝宝进行

体能训练 ·············· 207

用图片与实物相联系的

游戏 ·············· 207

健康与安全 ·············· 208

宝宝不会走路的

对策 ·············· 208

第47周

日常护理 ·············· 209
　给宝宝过周岁生日 ······ 209
　适合宝宝的生日
　　蛋糕 ·············· 210

喂养要点 ·············· 210
　给宝宝吃水果的
　　方法 ·············· 210
　慎给宝宝吃糖果 ······ 211

体能和智能 ·············· 211
　开发宝宝智力的
　　玩具 ·············· 211

健康与安全 ·············· 212
　防止宝宝依赖奶瓶 ······ 212

第48周

日常护理 ·············· 213
　宝宝怕洗澡的应对
　　策略 ·············· 213
　让宝宝自己刷牙 ······ 213

喂养要点 ·············· 214
　垃圾食品害处多 ······ 214
　宝宝不爱吃米饭的
　　应对策略 ·············· 214
　宝宝不愿意自己动手
　　吃饭 ·············· 215

体能和智能 ·············· 215
　不能让宝宝感到
　　无助 ·············· 215

健康与安全 ·············· 216
　向宝宝说"不" ······ 216

第十三章
49～52周宝宝完美养护

第49周

日常护理 ·············· 218
　为宝宝建立合理的
　　生活制度 ·············· 218
　可以给宝宝穿
　　满裆裤 ·············· 219

喂养要点 ·············· 219
　饮食注意事项 ·············· 219

体能和智能 ·············· 220
　锻炼宝宝支配身体
　　的能力 ·············· 220
　玩沙土游戏 ·············· 221

健康与安全 ·············· 221
　宝宝不好好吃饭
　　怎么办 ·············· 221

第50周

日常护理 …………… 222
宝宝每日作息时间
安排 ………… 222
教宝宝自己洗手 ………… 222

喂养要点 …………… 223
训练宝宝咀嚼和
吞咽 ………… 223
不要盲目地补充
营养品 ………… 223

体能和智能 …………… 224
球类游戏益处多 ………… 224
训练宝宝的平衡
能力 ………… 224

健康与安全 …………… 225
帮宝宝克服咬人
习惯 ………… 225

第51周

日常护理 …………… 226
宝宝可以自己睡 ………… 226
保护宝宝的眼睛 ………… 226

喂养要点 …………… 227
正确看待宝宝挑食 ………… 227

体能和智能 …………… 228
语言能力的训练 ………… 228

健康与安全 …………… 228
宝宝乳牙迟萌 ………… 228
帮助宝宝清洁牙齿 ………… 229

第52周

日常护理 …………… 230
训练宝宝自己
大小便 ………… 230
穿鞋的要求 ………… 231

喂养要点 …………… 231
尽量少吃精细食物 ………… 231
正确吃点心 ………… 232

体能和智能 …………… 232
培养宝宝的耐心 ………… 232
不能体罚宝宝 ………… 233

健康与安全 …………… 233
正确对待宝宝的正常
反抗心理 ………… 233

第一章
1～4周宝宝完美养护

1周
2周
3周
4周
5周
6周
7周
8周
9周
10周
11周
12周
13周
14周
15周
16周
17周
18周
19周
20周
21周
22周
23周
24周
25周
26周
27周
28周
29周
30周
31周
32周
33周
34周
35周
36周
37周
38周
39周
40周
41周
42周
43周
44周
45周
46周
47周
48周
49周
50周
51周
52周

1～4周宝宝身体发育对照表

性 别	身 高	体 重	头 围	胸 围
男宝宝	46.8～53.6厘米	2.5～4.0千克	31.8～36.3厘米	29.3～35.3厘米
女宝宝	46.4～52.8厘米	2.4～3.8千克	30.9～36.1厘米	29.4～35.0厘米

第1周

日常护理

■ 学会分辨宝宝的哭声

啼哭是宝宝的一种正常生理现象，也是一种本能。因此，父母不要过于担心宝宝哭的时间长，也不要一听到哭声就将宝宝抱起来哄。当宝宝哭时父母要注意观察，辨明宝宝啼哭的原因。

通常，如果宝宝哭一阵就停一小阵，大多是由于饥饿、困了、大小便、过冷、过热或蚊虫叮咬等原因引起的，一旦排除了这些引起不适的因素，宝宝就会停止啼哭。

如果宝宝是由于疾病而引起的哭闹，哭声就会有明显不同，表现为尖声哭、嘶哑地哭或低声无力地哭，而且还可能伴有脸色苍白、神情惊恐等反常现象，甚至将宝宝抱起来也不能使哭声停止，此时就应立即去医院检查。

有的宝宝只是在睡前哭一会儿就进入睡眠状态，或在刚醒来时哭一会儿就进入安静的觉醒状态，这些都属于正常现象。

小心护理宝宝的肚脐

在宝宝脐带脱落的前几天，肚脐可能会出血或者有渗出物，这种现象可以一直持续到脐带完全脱落。在此期间必须保持肚脐及附近的洁净和干燥，以防止感染。

如果发现宝宝尚未愈合的肚脐变得很湿，并伴有脓水流出时，就需要每天用棉签蘸着酒精清洗肚脐周围有皱褶的地方。在给宝宝换尿布时，需将前端往下折到肚脐以下，同时让上衣往上翻，以便肚脐能直接与空气接触，保持干爽。

如果发现宝宝肚脐和周围的皮肤发红，或者流出有臭味的脓水，说明可能有感染，应立即去医院诊治。

如果宝宝肚脐上尚未愈合的硬痂被衣物刮掉，这时可能会出点儿血，妈妈不必过于慌张，只要护理得当，很快就会好的。

喂养要点

母乳让宝宝提高免疫力

新生儿的胃里解酯酶含量较低，胃酸酸度较低，这使得新生儿的消化功能比较弱，并且只能消化乳类，尤其是母乳，因为母乳中含有解脂酶。由于牛乳中缺乏解酯酶，所以用牛奶喂养的新生儿易出现脂肪泻。母乳所含蛋白质多为乳蛋白，易于宝宝消化，并且脂肪颗粒也较牛乳细。母乳中含有使脂肪消化更完全的解酯酶，这样可使食物进入胃里后更容易吸收，而不会在胃里堆积，引起便秘等症状。

宝宝的机体抗病能力相对成人来说是比较弱的，因此稍有病菌侵入便会致病。而母乳直接喂哺，可以减少微生物从口侵入的机会，减少疾病的发生。而且母乳中还含有抗体，母乳喂养的宝宝，很少出现胃肠失调的症状，有其他疾病或营养问题也可依赖母乳解决。母乳喂养6个月以上，可明显降低儿童时期患癌症的危险，特别是淋巴癌。母乳喂养的宝宝不易患儿童过敏症，且有研究表明，母乳喂养的宝宝在出生后第一年，中耳炎感染率低。

按需喂养

对于出生后不久的新生儿，由于妈妈的乳汁暂时分泌不多，因而每次吸入的奶量较少。新生儿的吸吮时间一般较长，常常还没喝饱，就因疲乏而入睡了。醒来后，宝宝因为饥饿而哭闹，这时应让其再次吸吮。勤吸吮会刺激乳头，有利于乳汁的分泌，所以给新生儿喂奶不必定时，而应按需喂奶。

随着宝宝月龄的增长，妈妈乳汁分泌量增多，宝宝会逐渐形成每3小时左右吃1次奶的习惯，这是很正常的现象。相反，如果为了"认真"执行定时喂奶，硬把睡得正香的宝宝弄醒，这不仅打乱了宝宝的正常生理节奏，也使妈妈自己不能很好地休息，使母婴都处于紧张状态中，这既影响宝宝的成长，也影响妈妈乳汁的分泌。

体能和智能

多和宝宝交流

宝宝一出生，就表现出与外界交流的天赋，新生儿与妈妈对视就是彼此交流的开始。这种交流，对宝宝行为能力的健康发展具有重大而深远的意义。

新生儿虽然不会说话，但可以通过运动与妈妈进行交流。当妈妈和新生儿柔声说话时，宝宝会出现不同的面部表情和躯体动作，就像表演舞蹈一样。宝宝用躯体语言和父母交流，对其大脑和心理的发育有很大的帮助。

宝宝很懂事

很多人都有一种错误的认识，认为新生儿什么都不懂。其实这是源于对新生儿发育和对新生儿交流方式的不了解。

新生儿的视觉能力和听觉能力已经有了一定的发育。新生儿能看清20～25厘米内的物体，并会通过移动目光和转头来回应妈妈的呼唤。所以父母千万不能忽视与宝宝的眼神交流。

新生儿的听力很敏感，对父母的声音更为敏感。这是因为当宝宝还在妈妈子宫里的时候，就已熟悉了父母的声音。当父母发出欢快的声音时，宝宝便会表现出兴奋的样子，有时是双手双脚进行舞动，有时是头来回转动，甚至眼睛追随着，嘴巴还一张一合的，所以父母也不能忽视与新生儿的语言交流。

健康与安全

生理性黄疸

有些父母会发现宝宝在出生后2～3天皮肤开始变黄，最明显部位是白睛、手掌心和脚底，这无疑会引起父母的极大担忧和恐慌。其实在一般情况下，这种现象是属于生理性的，随着宝宝慢慢长大，黄疸会逐渐消失，父母不必过于紧张。

这种黄色是由于血液中胆红素浓度过高。胆红素是红细胞正常分裂后的产物，通常由肝脏处理后再经肾脏排出。由于刚出生的宝宝肝功能不成熟，肝脏没有足够的能力处理大量的胆红素，便会出现这种现象，医学上称之为新生儿生理性黄疸。生理性黄疸通常出现在出生后的2～3天，7～10天后逐渐消失。如果是早产儿，由于其肝功能更不成熟，所以可能延续到14天之后才能消失。此外，男婴和低体重的宝宝会更容易出现新生儿生理性黄疸。出现这种状况时，医生通常会将宝宝留院观察几天。

宝宝大便的颜色

妈妈为宝宝换尿布时，有时会被黑绿色的大便（胎便）吓一跳，以为宝宝生病了。其实，宝宝的这种大便颜色是很正常的。因为当宝宝还在妈妈肚子里的时候，这种黑绿色的物质就存在了。这表明宝宝的小肠蠕动正常，所以出生后可以将这些东西排出体外。通常在宝宝出生24小时之内，胎便基本排泄干净，接下来的2～3天，是过渡期的排便，颜色将由暗绿色逐渐转变为黄色，并且稀软，有时还会带有黏液。

另外，由于每个宝宝的喂养状况不同，大便颜色也会各有差异。一般而言，吃母乳的宝宝排出金黄色，如同芥末颜色的粪便，形态稀软；喂婴儿配方奶粉的宝宝，排便的形状或颜色会有很多种，从淡黄到褐绿色都有，如配方奶含铁比较多，颜色会深得像黑色等。所以，千万不能仅仅根据宝宝的粪便判断身体健康情况。即使是同一个宝宝，两天之内也会排出不同颜色的大便。

第2周

1周
2周
3周
4周
5周
6周
7周
8周
9周
10周
11周
12周
13周
14周
15周
16周
17周
18周
19周
20周
21周
22周
23周
24周
25周
26周
27周
28周
29周
30周
31周
32周
33周
34周
35周
36周
37周
38周
39周
40周
41周
42周
43周
44周
45周
46周
47周
48周
49周
50周
51周
52周

日常护理

❋ 选择合适的纸尿裤

新生儿时期会经常使用到纸尿裤。因此，如何选择安全舒适的纸尿裤也是新手父母应该关注的问题。

尺寸大小合适

根据宝宝的月龄及体形大小，选择适合宝宝的纸尿裤。太小的纸尿裤容易使宝宝的排泄物露出，而太大的纸尿裤则不利于宝宝的肢体活动。

轻薄、透气

纸尿裤的质地应轻薄透气，这样能更快、更好地向外疏导热气和湿气，让宝宝的小屁股时刻保持干爽。尤其是在外出或者因某种原因不能及时更换时，也能减轻排泄物对宝宝皮肤的刺激。

带滋润保护层

除了考虑先进的透气设计以外，优质的纸尿裤一般都会紧紧地贴在宝宝的小屁股上，而且其中还添加了天然的具有护肤成分的无纺布层，能够起到很好的保护宝宝皮肤的作用。

正规厂家生产

一定要注意给宝宝选择正规厂家生产的、质量可靠的纸尿裤。最好到大商场或大型超市购买，而且在购买前，一定要先查看上面的商标和说明，以免买到假货。

❋ 给宝宝穿衣服

新生儿身体很软，头较大而且直不起来，再加上胖胖的手臂和始终弯曲的腿，这些都给为其穿衣服带来很大困难。所以，为宝宝穿衣服时应该注意以下事项：

必要时才更衣。如果宝宝经常吐

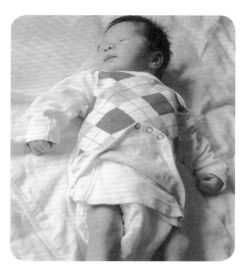

奶，可以给他套上一个大围嘴，或是用湿毛巾在脏的部位做局部清理，没有必要每次全身上下都换一套。在把衣服套到宝宝的头上之前，妈妈要先用手撑开领口，以避免衣领弄痛宝宝的耳朵和鼻子。同时，为了避免衣服套头时宝宝因被遮住视线而恐惧，可以和他说说话，以分散他的注意力。

为宝宝穿衣服时，最好选择一个平坦舒服的地方，事先准备好玩具或播放轻快的音乐。同时，要努力把为宝宝穿衣的时间变成亲子谈话或游戏的时间。

穿连体衣的时候，要先将连体衣所有的扣子都解开，放平，然后将宝宝放在衣服上，脖子对准衣领的位置。先穿腿，在尿布下面的位置将扣子扣好，这样宝宝的腿就伸不出来，然后再将胳膊伸进去，妈妈先将袖子挽起来，用一只手把袖口撑开，将宝

宝的胳膊拉进袖里，将袖子挽好，再按同样方法穿另外一只胳膊。

喂养要点

❋ 哺乳的正确姿势

妈妈哺乳时和宝宝应当是腹部贴腹部，宝宝嘴含着乳头，鼻子不能靠得太近，以防堵住鼻子，影响呼吸。宝宝的头和身体应保持在一条直线上。

妈妈可以躺着喂宝宝，但要用枕头或靠垫支撑住后背和胳膊，特别是妈妈的头部要垫高一些。宝宝的头部、背部和臀部也要用枕头或靠垫支撑，但宝宝的头部不能垫得太高，要与身体水平，头部稍侧向妈妈。

妈妈也可以采取坐姿哺乳，后背用靠垫或枕头支撑，用脚垫把脚支起来，用左臂或者右臂环抱住宝宝，另一只手托住自己的乳头。帮宝宝含吮乳头，检查宝宝的姿势，是哺乳的关键。宝宝的含接姿势很重要。每次哺乳时应先将乳头触及宝宝的口唇，引起宝宝的觅食反射，当宝宝口张大、

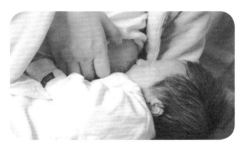

1周
2周
3周
4周
5周
6周
7周
8周
9周
10周
11周
12周
13周
14周
15周
16周
17周
18周
19周
20周
21周
22周
23周
24周
25周
26周
27周
28周
29周
30周
31周
32周
33周
34周
35周
36周
37周
38周
39周
40周
41周
42周
43周
44周
45周
46周
47周
48周
49周
50周
51周
52周

舌向下的一瞬间，将宝宝靠向自己，使其能大口地把乳晕也吸入口内。这样，宝宝在吸吮时就能充分挤压乳晕下的乳窦，使乳汁排出，还能有效地刺激乳头上的感觉神经末梢，促进泌乳和排乳反射。

如果宝宝的颌部肌肉做出缓慢而有力的动作，并有节奏地向后伸展直至耳部，说明宝宝的含接姿势正确。反之，如出现两面颊向内的动作，说明宝宝含接姿势不正确，应该马上矫正。妈妈要让宝宝含吮到乳头及尽可能的大部分乳晕，否则宝宝可能会咬拽妈妈的乳头，引起疼痛感。如果新妈妈觉得姿势不合适，可以轻轻地使宝宝离开你的胸部，重新换个舒适的姿势为宝宝喂奶。

妈妈手的正确姿势是将拇指和四指分别放在乳房上方和下方，托起整个乳房喂哺，避免用"剪刀式"来夹托乳房（乳汁流速过快的情况除外）。"剪刀式"会反向推乳腺组织，阻碍宝宝将大部分乳晕含入口内，不利于充分挤压乳窦内的乳汁。

体能和智能

❋ 为宝宝准备玩具

玩具并不是宝宝长大后才拥有的专利，刚出生的宝宝也同样需要玩

具。因为宝宝一生下来，就具有很好的视觉、听觉、触觉和模仿能力，出生几天的宝宝就能注视或跟踪移动物体或光点，并能做出反应，还能和妈妈眼神对视。

新生儿喜欢看红颜色，也喜欢看人的脸，而且喜欢注视图形复杂的区域，如曲线或同心圆式的图案等。新生儿不仅能听到声音，而且对声音频率很敏感，喜欢听舒缓优美的音乐，并以特有的动作和表情表示愉快的情绪。父母应根据宝宝的这些特点为其准备合适的玩具。

❋ 用爱和宝宝交流

父母望着刚出生不久的宝宝，充满了无尽的爱意，仿佛整个世界都因宝宝的出生而变得更加绚丽多彩。无论宝宝是在玩耍时还是在吃奶时，父母都可以用充满爱意的眼神跟宝宝交流，让他感觉到浓浓的爱意。

父母也可以从言语上体现爱意："噢，宝宝(也可呼乳名)醒了，妈妈在

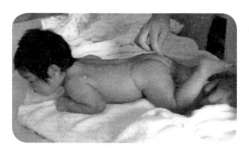

这儿，睡得香吗？宝宝真乖啊……"有时宝宝会"回答"你。用轻柔的话语，跟宝宝聊天，让宝宝觉得不孤单。其实他未必能听得懂父母在说什么，但是却能感受到其中的爱意。

父母在抚触宝宝的时候一定要注意4个字：轻、柔、巧、温。抚触宝宝，不仅能使宝宝和父母享受到互动的爱意，而且还可以查看宝宝的健康状况。新生儿的皮肤应该光滑、柔软，表皮上没有疙瘩，而且还有很好的弹性，另外注意洗澡后一定要抚摸宝宝。

健康与安全

❋ 预防尿布疹

尿布疹常发生于宝宝肛门周围、臀部、大腿内侧及外生殖器，甚至可蔓延至会阴及大腿外侧。尿布疹初期，患病部位发红，继而出现红点，直至鲜红色红斑，会阴部红肿，慢慢融合成片。严重时会出现丘疹、水疱，甚至糜烂，如果合并细菌感染则会产生脓疱。预防宝宝尿布疹需做到以下几点：

要选用质地柔软、吸水性强、透气性好、纯白色或浅色纯棉针织料的尿布。

使用传统的尿布时，一定要漂洗干净，最好用肥皂洗涤，然后用热水清洗干净。要保持尿布垫的干燥，尿布和尿布垫应经常进行消毒，在日光下翻晒。

要及时更换被大小便浸湿的尿布，以免排泄物长时间刺激宝宝的皮肤。

不要在宝宝尿布下加用橡胶布或塑料布，以免使宝宝臀部长期处于湿热状态。

如果宝宝大便次数较多，除了要用清水冲洗他的小屁股外，还要在医生的指导下涂上防止尿布疹的药膏。如果发现宝宝的小屁股有轻微发红时，应及时涂抹护臀膏。每次清洗宝宝的小屁股后用干爽洁净的毛巾擦干，再在室内或阳光下晾一下，以保持皮肤干爽。

1周
2周
3周
4周
5周
6周
7周
8周
9周
10周
11周
12周
13周
14周
15周
16周
17周
18周
19周
20周
21周
22周
23周
24周
25周
26周
27周
28周
29周
30周
31周
32周
33周
34周
35周
36周
37周
38周
39周
40周
41周
42周
43周
44周
45周
46周
47周
48周
49周
50周
51周
52周

第3周

日常护理

给宝宝洗澡

给宝宝洗澡时，在澡盆里加入深5～8厘米的水就可以了。先加入凉水，然后兑热水，用胳膊肘或手腕试试水温，觉得热而不烫就可以了。给宝宝洗澡时，可参考以下步骤：

第一步：先把宝宝的上衣脱掉，清洗他的脸和脖子；然后用毛巾把他裹好，夹在胳膊下；再托着宝宝的头悬在澡盆上面，用拇指和中指从宝宝耳朵的后面向前推压耳郭堵住耳朵

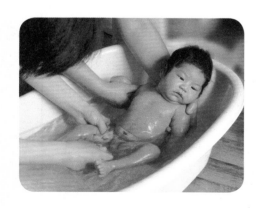

眼，防止进水。用一块柔软干净的小毛巾蘸着水，先擦宝宝的脸，再洗头部。轻轻地撩水清洗宝宝的头发，随后用毛巾将头发擦干。最后用浴巾将宝宝的上半身先裹起来。

第二步：脱去宝宝的裤子，一只手牢牢托住宝宝的头和肩膀，另一只手托着屁股和腿，将宝宝放在水里；然后在水里用一只胳膊托着宝宝，腾出另一只手轻轻地清洗宝宝的身体，并鼓励宝宝踢水、拍水玩。

第三步：把宝宝从水里抱出来时，一只手托着头和肩膀，另一只手像以前那样托着宝宝的屁股；将其放在事先准备好的干毛巾上，并立即将他裹住以免受凉。

第四步：擦干宝宝身体，特别是要注意脖子、屁股、大腿和腋下的褶皱，然后迅速给他穿好衣服就可以了。

注意事项

1. 宝宝脐带未脱落前应上下身分开擦洗，不要把宝宝放入水中弄湿

脐部。

2.洗脸不用肥皂，洗其他部位将肥皂抹在大人手上，然后用手抹宝宝。

3.动作要轻柔迅速，全过程应在5～10分钟内完成。

为宝宝按摩

头部按摩

用双手按摩宝宝的头顶部，轻轻画圈做圆周运动，但要避开囟门。接着按摩脸的侧面，然后，用指尖从中心向外按摩宝宝的前额，轻轻地从宝宝额部中央向两侧推，然后移向眉毛和双耳。这种按摩方式对平息宝宝的暴躁特别管用。

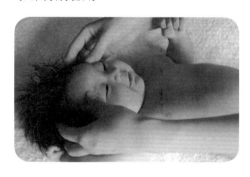

脖子、颈部和肩膀按摩

先从宝宝的颈部向下抚触，慢慢移至肩膀，由颈部向外按摩。按摩宝宝的脖子，从耳朵到肩膀，从下巴到胸前，然后从宝宝的脖子向外按摩他的肩膀。

胸腹部按摩

轻轻沿着宝宝肋骨的曲线抚触宝宝胸部。在宝宝的腹部用手指画圈揉动，从肚脐向外做圆周运动，以顺时针方向逐渐向外扩大。可以两只手轮换着连续进行按摩，但不要太用劲。

胳膊按摩

让宝宝仰面躺着，拿起一只胳膊，首先从腕到肘，再从肘到肩膀。然后，从双臂向下抚触、滚揉。最后按摩宝宝的手腕、小手和手指，并用指尖抚触宝宝每一根手指。

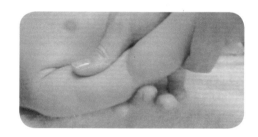

腿部、脚和脚趾按摩

从宝宝大腿开始向下，将一只手放在宝宝的肚子上，然后从大腿向脚踝方向轻轻抓捏宝宝腿部，并轻轻揉动。轻轻摩擦宝宝的脚踝和脚，从脚跟到脚趾进行抚触，然后分别按摩每个脚趾。还可以将脚趾给宝宝看，让他意识到脚趾是自己身体的一部分。

后背按摩

按摩后背时，要轻轻地把宝宝翻过来，用手掌从宝宝的腋下向臀部方向按摩，同时用拇指轻轻挤压宝宝的脊骨。因为按摩时，宝宝看不到爸爸

1周
2周
3周
4周
5周
6周
7周
8周
9周
10周
11周
12周
13周
14周
15周
16周
17周
18周
19周
20周
21周
22周
23周
24周
25周
26周
27周
28周
29周
30周
31周
32周
33周
34周
35周
36周
37周
38周
39周
40周
41周
42周
43周
44周
45周
46周
47周
48周
49周
50周
51周
52周

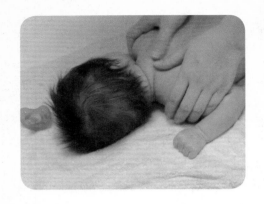

妈妈的脸，所以应一直跟宝宝说话。

喂养要点

❋ 保证母乳充足

注意饮食、休息，培养对哺乳的信心

妈妈要保持心情愉快，对母乳喂养充满信心，尤其要注意劳逸结合，保证足够的睡眠和休息，最好与宝宝同步休息，以减少干扰。其他家庭成员应照顾好妈妈，多安慰、鼓励妈妈，并主动分担家务，保证其休息。

纠正母乳喂养中的不合理现象

最常见的母乳不足的原因是宝宝的吸吮时间不够，妈妈应保证足够的时间来哺乳。特别是新生儿，每天的哺乳时间可能长达8个小时；出生1～2个月的宝宝，每天应哺乳8～10次；3个月的宝宝，24小时内至少哺乳8次。

避免产生"乳头错觉"

从调查情况看，人工喂养3次后，宝宝即产生乳头错觉。因此，提倡早吸吮、早哺乳，24小时母婴同室和按需哺乳，尽量避免早期使用各种人工奶头及奶瓶。乳头错觉的纠正，要在宝宝不是很饥饿的情况下或未哭闹前指导母乳喂养。宝宝睡着时可通过换尿布、变换体位、抚摸等方法使宝宝清醒，妈妈以采取坐位哺乳姿势为佳，可使乳房下垂易于宝宝含接。乳房过度充盈时热敷5分钟，挤出部分乳汁使乳晕变软，便于宝宝正确含接乳头及大部分乳晕。

寻找引起母乳不足的原因

如妈妈的乳头有无异常，哺乳技巧掌握的熟练程度等。避免或尽可能减少给哺乳的妈妈使用止痛药和镇静剂；哺乳期间不宜服用雌激素、孕激素类避孕药，以防抑制乳汁分泌。

及时、适量、科学地补养

哺乳期间不可偏食，并且要避免分娩后立即进食猪蹄汤、鲫鱼汤等高蛋白、高脂肪食物，因为这类食物会使初乳过分浓稠，引起排乳不畅。分娩后的第一周内饮食宜清淡，应以低蛋白、低脂肪的流质食物为主。此后可适当增加营养，根据个人口味、平时习惯，适当多吃一些促进乳汁分泌的食物，如鲫鱼、鲢鱼、猪蹄及其汤汁，还可适当多吃些黄豆、丝瓜、黄花菜、核桃仁、芝麻等食物。

注意喂养技巧

妈妈应两侧乳房交替哺乳，以免引起将来两侧乳房大小悬殊，影响美观。每次喂奶都应给宝宝足够的时间吸吮，大致为每侧10分钟，这样才能让宝宝吃到后奶。后奶脂肪含量多，热量是前奶的2倍。如果母婴一方因患病或其他原因不能哺乳时，一定要将乳房内的乳汁挤出、排空。每天排空的次数为6～8次或更多。

体能和智能

✿ 手指锻炼

宝宝满月以后，醒着的时间多了，四肢的活动特别是手部的活动也明显多了起来。他有时会凝视自己紧握着的手，当注意到其他东西时，又会把手指松开。宝宝的手指不但能自己展开、合拢，而且还能把手拿到胸前来玩或者吸吮手指。

✿ 体能锻炼

满月之后，宝宝的手脚动作逐渐多了起来，这时就应使宝宝的手脚能够随时自由活动。比如，在日常护理中尽可能地改变宝宝的姿势，为宝宝提供运动身体每一部分的机会。

健康与安全

✿ 给宝宝照相时要关掉闪光灯

在为宝宝照相时，细心的父母会发现，当相机的闪光灯闪过之后，宝宝的眼睛便一直眨个不停，这是因为闪光灯的强光刺激了宝宝的眼睛。因为新生儿的眼神经相当脆弱，经不起瞬间的强光刺激。所以，父母们在给宝宝照相时，相机与宝宝的距离最好保持在1米以上，并在闪光灯上罩一层遮光幕，这样可使光的强度控制在安全范围之内。如果相机设备允许的话，也可以让闪光灯的灯光打到墙壁或天花板上，用反射光，而不要直接打到宝宝脸上。这样做的话，就可以既得到理想的照片，又可以避免伤害宝宝的眼睛。

第4周

1周
2周
3周
4周
5周
6周
7周
8周
9周
10周
11周
12周
13周
14周
15周
16周
17周
18周
19周
20周
21周
22周
23周
24周
25周
26周
27周
28周
29周
30周
31周
32周
33周
34周
35周
36周
37周
38周
39周
40周
41周
42周
43周
44周
45周
46周
47周
48周
49周
50周
51周
52周

日常护理

❋ 轻松换尿布

在为宝宝换尿布之前，先将需要的用品放在伸手可及之处。如干净的尿布、棉球、温水、一条小毛巾和可供换洗的衣服。如有必要，还应准备一些治疗尿布疹的软膏等。还可以准备能够吸引宝宝注意力的玩具，或是有逗宝宝的人在旁边。妈妈把双手洗净后，就可以为宝宝换尿布了。换尿布时，可以参考以下办法：

在换尿布的台面上最好先垫一块塑胶布。然后解开宝宝身上的尿布，但先别拿开。若是排粪便，就利用原先的尿布把粘在小屁股上的大部分粪便抹去。如果是男宝宝，最好用尿布先遮挡着阴茎。可将尿布折一下，使干净的那面朝上，先垫在宝宝的小屁股下暂作保护面，然后由前往后清洁小屁股的前方部位，再抬起宝宝的两

条腿擦拭小屁股。必须仔细清洁所有褶皱处，然后用干净的尿布来取代脏尿布。如果是纸尿裤，脏尿裤要谨慎处理，成形的大便最好倒入马桶内冲掉，然后将纸尿裤卷好再粘紧，丢入垃圾桶中。最后妈妈要记得用肥皂把手洗干净。

❋ 使用尿布应注意的事项

在为宝宝换尿布时，应注意以下几点。

宝宝垫尿布的皮肤非常容易发生糜烂，而且现在纸尿裤的使用越来越普遍，如果宝宝对纸尿裤里的化学物质不过敏，也不发生皮肤糜烂，完全可以使用纸尿裤。

还有因尿布使用不当而患病的，这种情况并不常见，而且只发生在女宝宝身上。为女宝宝清洗粘在会阴部的大便时，最好用湿的消毒脱脂棉从前向后擦。

喂养要点

❋ 应对宝宝拒绝母乳

在给宝宝哺乳时，妈妈有时会遇到宝宝拒吃母乳的情况。

这可能是妈妈的乳房因为肿胀而使宝宝很难吸吮。遇到这种情况，妈妈可以用一块温热、柔软、洁净的毛巾热敷乳房或用温水浸泡乳房，以减轻肿胀。也可以试着挤出一些乳汁，使乳房稍微松软一些。这样一来，宝宝就比较容易吸吮乳头，不会拒绝妈妈的乳房了。

妈妈的乳汁可能由于流出太快，使宝宝吸吮时常常呛着，因此，宝宝就拒绝吃妈妈的乳汁。这时，妈妈可以先挤出一些乳汁，以减轻乳房压力，使乳汁不至于流得太快。还有一种办法是，用中指和示指夹住乳房，减小乳汁的流量，这样就不至于呛着宝宝，宝宝就不会拒吸妈妈的乳房了。

妈妈的乳房可能压在宝宝的鼻孔上，使宝宝因呼吸困难而拒绝妈妈的乳房。这时，妈妈只需轻轻地将乳房移离宝宝的脸部，宝宝就愿意吃奶了。

宝宝的鼻子可能不通气，吸吮时呼吸受阻而影响了吃奶。解决的办法是，清除鼻腔分泌物或遵医嘱使用一些滴鼻剂，等到宝宝鼻子通气了，自然就会吃奶了。

❋ 哺乳妈妈用药原则

哺乳期妈妈患病用药时，为减少药物对宝宝的副作用，应注意以下几点：

禁用或尽量避免使用毒副作用大的药物，改用疗效相近而副作用较小的药物。即使服用毒副作用较小的药物，也应在用药4小时后再哺乳。

若必须服用毒副作用大的药物时，可在服药期间暂停哺乳，待病好后再哺乳，用药时间越短越好。

需长期服用毒副作用大的药物时，应考虑给宝宝断奶，改为人工喂养。

在哺乳期间服用任何药物都应得到专业医生的允许方可使用。此外，对哺乳妈妈应做好一些职业病防护，以防止金属中毒或农药中毒而影响宝宝健康。

1周
2周
3周
4周
5周
6周
7周
8周
9周
10周
11周
12周
13周
14周
15周
16周
17周
18周
19周
20周
21周
22周
23周
24周
25周
26周
27周
28周
29周
30周
31周
32周
33周
34周
35周
36周
37周
38周
39周
40周
41周
42周
43周
44周
45周
46周
47周
48周
49周
50周
51周
52周

体能和智能

▓ 训练新生儿抬头

由于新生儿的颈部和背部肌肉十分无力，无法自己抬头。即使宝宝满月的时候，最多能够做到的，也只是趴着的时候头可以抬起大约2.5厘米的高度，而且支撑的时间也很短，仅仅几秒钟。所以还需要父母来帮助训练宝宝抬头。

竖抱抬头方法：让宝宝头靠在肩上，但不扶宝宝的头部，让宝宝的头部立直片刻，每天进行4～5次。

俯卧抬头方法：在宝宝空腹时，父母任何一人坐好，或者靠在沙发上，把宝宝放在胸腹前，让宝宝自然地俯卧在那里。将宝宝的头扶至正中，两手放在头两侧，用手按摩宝宝的脊背部，通过话语等吸引宝宝抬头。这样可以促进发展颈部肌肉张力。

▓ 训练宝宝做伸展运动

在为宝宝洗澡或换尿布的时候，父母可以帮助宝宝伸展一下身体。帮他伸展身体时，只需将关节稍为弯曲，宝宝就会反射性地伸开他的关节。除了关节外，轻触宝宝的膝盖内侧、手等，宝宝也会反射性地伸展他的身体。

健康与安全

▓ 宝宝呼吸时嗓子发出响声需要治疗吗

宝宝呼吸时嗓子发出响声主要是因为刚出生的宝宝喉头很软，每当呼吸时，喉头局部就会出现变形现象，使气管变得较为狭窄，这样自然就会发出响声。随着宝宝的渐渐长大，柔软的喉头慢慢变得坚硬，也就不会发出响声了。所以不需要治疗。

▓ 皮疹

新生儿皮疹是很普通的现象，通常都会不治自愈。3～6周的宝宝经常会长皮疹，基本上都会在几天或者几周内无须治疗慢慢消失或者自己好转。一般出油区会长出很多皮疹，如鼻子周围、嘴部或者头皮附近。主要症状为：黑头皮疹（丘疹中间是深色）和白头皮疹（丘疹中间是白色）。

在处理宝宝的患处皮肤时，父母需要用软的湿毛巾轻柔地清洗，然后蘸干患处水分，保持干燥。堵塞住毛孔的皮疹会自己破掉，一般不需要做任何处理就能自己愈合。

但如果宝宝的疹子看起来很干燥、发红或者有点发炎，或者渗出液体，那么可能已经感染，就需要马上去看医生。

第二章

5～8周宝宝完美养护

1周
2周
3周
4周
5周
6周
7周
8周
9周
10周
11周
12周
13周
14周
15周
16周
17周
18周
19周
20周
21周
22周
23周
24周
25周
26周
27周
28周
29周
30周
31周
32周
33周
34周
35周
36周
37周
38周
39周
40周
41周
42周
43周
44周
45周
46周
47周
48周
49周
50周
51周
52周

5～8周宝宝身体发育对照表

性　别	身　高	体　重	头　围	胸　围
男宝宝	55.6～65.2厘米	4.7～7.6千克	37.0～42.2厘米	36.2～43.4厘米
女宝宝	54.6～63.8厘米	4.4～7.0千克	36.2～41.0厘米	35.1～42.3厘米

第5周

日常护理

不宜给宝宝戴手套

第2个月的宝宝，常常会用手抓脸，如果宝宝指甲长，就会把自己的脸抓破，即使不抓破，也会抓出一道道红印。为防止这种现象的发生，有些妈妈会给宝宝戴上束口的小手套。这样做，虽然宝宝的脸不会被抓破，但随之也会带来更大的弊端，而且

还存在着安全隐患。如果手套口束得过紧，会影响宝宝手部的血液循环；如果手套内有线头，可能会缠在宝宝

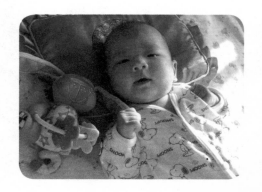

的手指上，使手指出现缺血。宝宝没有表述能力，如果父母没有及时发现，极易使宝宝手指出现坏死，而造成终身的遗憾。再者，宝宝正处在生长发育期，戴上手套，手指活动受到限制，会给宝宝的成长带来一定的影响。有的父母虽然没有给宝宝戴上手套，但给宝宝穿袖子很长的衣服，这虽然避免了发生手指缺血的危险，但也同样会影响宝宝手的运动能力，也是不可取的。

肉而剪伤宝宝的手指（脚趾）。剪好后检查一下指（趾）甲边缘处有无方角或尖刺，若有应修剪成圆弧形。

▓ 给宝宝剪指（趾）甲的方法

满月过后的宝宝生命力旺盛，不仅新陈代谢加快，而且手也喜欢到处乱抓。同时，随着宝宝活动能力加强，开始喜欢蹬腿，如果脚趾甲过长，蹬腿时常与被褥摩擦，容易撕裂脚趾甲。因此，需要经常给宝宝剪指（趾）甲。

宝宝的指（趾）甲长得特别快，每周应剪指（趾）甲1次。宝宝的指（趾）甲细小薄嫩，应使用钝头的、前部呈弧形的小剪刀或指甲剪。修剪指（趾）甲的时间最好选择在喂奶过程中或是等宝宝熟睡时。

剪指（趾）甲时一定要小心谨慎，要抓住宝宝的小手，避免因宝宝乱动而使宝宝被剪刀弄伤。也不要剪得太深，以防剪到指（趾）甲下的嫩

喂养要点

▓ 喂养要求

这个月的宝宝每日所需的热量是每千克体重420～460千焦，如果超过500千焦，就有可能造成肥胖。

母乳喂养的宝宝，最好每周用体重计测量体重，如果每周宝宝的体重增长都超过250克以上，就有可能是摄入热量过多；如果每周宝宝的体重增长低于100克，就有可能是摄入热

1周
2周
3周
4周
5周
6周
7周
8周
9周
10周
11周
12周
13周
14周
15周
16周
17周
18周
19周
20周
21周
22周
23周
24周
25周
26周
27周
28周
29周
30周
31周
32周
33周
34周
35周
36周
37周
38周
39周
40周
41周
42周
43周
44周
45周
46周
47周
48周
49周
50周
51周
52周

量不足。

进入第2个月的宝宝，可以完全靠母乳摄取所需的营养，不需要添加辅助食品。如果母乳不足（一定不要轻易认为你的母乳不足，有时是因为休息和饭量不足，而引起暂时的奶量不足），可适当添加牛奶。

▓ 母乳喂养的注意事项

喂奶前，妈妈要先把双手洗干净，再洗净乳头；喂奶后也应清洗乳头。

喂奶时注意不要让乳头堵住宝宝的鼻孔，以免影响宝宝呼吸。

喂奶后要把宝宝竖着抱起，然后轻拍背部，使吸入胃里的空气排出，防止吐奶。

宝宝容易疲劳，常常没吸几口就睡着了。因此，在喂奶前，要先更换尿布，然后再喂奶。如果宝宝睡了，可通过捏耳朵、抓脚心等把宝宝推醒，让宝宝一次吃饱。

采取最适合的坐姿，椅子有靠背及把手的较理想，或在腿上放一个枕头用手托住宝宝，这样可减少妈妈的劳累，使妈妈保持心情愉快，有利于乳汁分泌。

喂奶时间需15～20分钟。检验宝宝是否吃饱的方法是，看宝宝是否含住乳头紧紧不放，一放就哭，就表示未吃饱。

哺乳时应两侧乳房交替给宝宝吸

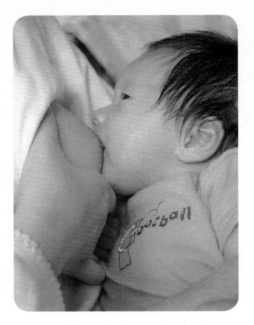

吮，吸空一侧，再吸另一侧，使两侧乳房的泌乳量尽量相同。对于泌乳量明显不好的一侧乳房更应多吸吮，只有足够的刺激才能增加乳量。

掌握按需哺乳的原则，宝宝什么时候需要就什么时候喂，随着月龄的增加，就会慢慢形成规律。

体能和智能

▓ 锻炼宝宝颈部的支撑力

在宝宝长到2个月的时候，父母每天应累计抱宝宝2个小时左右。抱的姿势最好是竖抱。竖抱时，可用两只手分别托住宝宝的背部和小屁股，把宝宝竖抱起来，让宝宝看看室内室外的事物。被父母抱起来的宝宝因为要看周围的东西，就必须努力支起脑袋和脖子，同时上身也总想挺直，这就使宝宝背部、胸部和腹部的肌肉得到了锻炼。竖抱宝宝还可以引起宝宝对各种事物的关注和兴趣。

✦ 适当的户外活动

这个月的宝宝颈部也有了一定的支撑力，而且喜欢看新鲜的东西，所以可以适当地抱着宝宝到户外呼吸新鲜空气，让室外的空气刺激和锻炼宝宝的肌肤，以增强宝宝的体能。

户外活动的时间，要以宝宝头部的直立情况而定。开始时每次2～3分钟，逐渐增加到0.5～1小时，每天可以安排1～2次。夏天可以安排在上午10点前或下午4点以后，冬季可以安排在上午9点以后到下午5点以前，最好使时间固定以养成习惯。

健康与安全

✦ 湿疹的治疗和护理

这个月龄的宝宝，最容易在头上、脸上出现湿疹，特别是在夏季更容易发生。

宝宝若得了湿疹，父母要想办法及早治愈。最好能在3个月之前，宝宝还不能用手来挠时将其治愈。宝

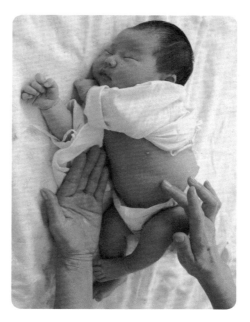

宝到了4～5个月时，他会自己用手来挠或者在枕头上蹭头部，这样在治疗上就有一定的难度，也不容易治愈。如果湿疹长时间不好，应尽早请医生治疗。

给宝宝洗澡时，父母要经常为宝宝换枕巾、枕套及贴身衣服。贴身衣物要采用棉质的，勤洗勤换。新物品应用开水洗过、烫过之后再用。

✦ 服用糖丸预防小儿麻痹

宝宝满2个月的时候，应该服用第一丸小儿麻痹糖丸了。这种糖丸是用来预防小儿麻痹症的，若不服用这种糖丸，宝宝患小儿麻痹的风险就很高，因此每个宝宝都应在规定的时间内按时服用。

第6周

日常护理

※ 宝宝在不同季节的护理要点

春季的护理要点

　　春季护理重点是预防呼吸系统疾病。春季随着各种微生物的快速繁殖，各种病毒或细菌也趁机活动起来，刚刚满月的宝宝的抵抗力本来就弱，如果护理不当，很容易被病毒或细菌感染而生病。同时，春季也是一年四季中气候最变化无常的季节，所以很容易使宝宝患上呼吸系统疾病。

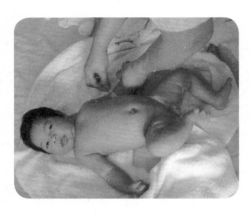

　　对于生活在南方的宝宝，由于初春气候比较热，而且户外比室内更温暖，抱宝宝到室外的时间可以适当增多，每次到室外的时间也可以相应延长。但是，由于南方地区多阴雨天气，即使到户外的时间较长，宝宝接受紫外线照射的机会也比北方少，所以应在儿科医生的指导下，适当为宝宝补充维生素D。

　　对于生活在北方的宝宝，初春时节气温较低，就不要将宝宝抱到户外。等到了春末夏初的时节，在天气晴朗的中午可以将宝宝抱到户外，每次可在室外待10～15分钟。但要注意，不要将正在睡觉的宝宝抱出去，也不要在阴天或大风天把宝宝抱出室外。即使是阳光灿烂，抱出去的时间也不能太长，而且要避免强烈的阳光直接照射到宝宝眼睛。此外，春季开窗时也要避免对流风直接吹着宝宝。

夏季的护理要点

夏季护理重点是保持宝宝皮肤干爽。宝宝从第2个月开始进入体重快速增长阶段。在这个月，宝宝的皮下脂肪开始增多，耳后、下巴、颈部、腋窝、胳膊、肘窝、臀部、大腿根和大腿等处有许多褶皱。在炎热的夏季，这些地方很容易发生糜烂，所以父母要仔细护理。

秋季的护理要点

由于第2个月的宝宝对外界环境的适应能力和自身的调节能力都比较差，所以秋季护理的重点是初秋不要过热，秋末要预防受凉。

到了秋末，由于冬季即将来临，天气开始变冷，这时除了要注意预防如感冒、咳嗽等呼吸系统疾病之外，更要注意预防因受凉而导致的腹泻。秋末是宝宝患轮状病毒肠炎高发季节，父母绝不可掉以轻心。一旦发现宝宝腹泻，不要自己随便买止泻药给患儿服用，而应及时找儿科医生对症用药。如果腹泻严重，还要注意补充水液。

冬季的护理要点

宝宝的卧室冬季温度不要过高。一方面，室内温度过高，就会致使湿度过小，不流通的空气过于干燥，使宝宝的气管黏膜相应干燥，导致宝宝呼吸系统黏膜抵抗力下降，病毒或细菌就会乘虚而入。另一方面，由于室内温度高，宝宝周身的毛孔都处于开放状态，此时如果父母或其他人进出频繁，室外的冷空气会随之进入宝宝的卧室。由于宝宝的皮肤遇到冷气侵袭时，毛孔不会像成人那样迅速收缩，从而使宝宝容易受凉。

喂养要点

✿ 给宝宝补充维生素D和钙

无论是母乳喂养还是人工喂养的

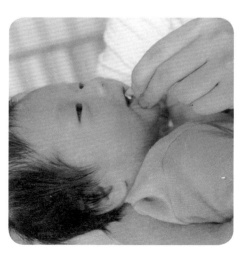

宝宝，都容易缺乏维生素D和钙，因此要及时地给宝宝喂适量的含有维生素A、维生素D的鱼肝油和钙类产品。此外，还应让宝宝多到户外晒晒太阳，以促进钙的吸收。如果宝宝缺乏维生素D和钙，骨骼发育就会受到影响，容易患佝偻病。

宝宝需要补充脂肪酸DHA和维生素A

良好的营养是大脑发育的物质基础。脂肪酸DHA和维生素A是大脑和视网膜的重要组成部分。饮食均衡的妈妈，母乳中含有丰富的DHA和维生素A，可以满足宝宝的发育需要。但是，由于母乳不足或母亲因故无法进行母乳喂养时，宝宝就得从其他途径来获得DHA和维生素A。可以选择含有这两种成分的奶粉，如果奶粉中没有或含量不充足，还可以加入DHA牛奶伴侣，以满足宝宝大脑发育的需要，否则会造成宝宝的大脑发育不良，削弱宝宝的记忆力。

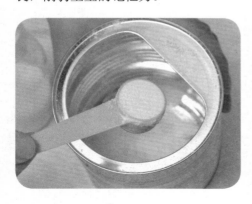

体能和智能

训练宝宝的感官

第2个月的宝宝头能自己抬起来，能够支持大约30秒钟。宝宝俯卧时，不仅眼睛已经能清楚地看到东西，追随活动着的物体，而且还可以目不转睛地注视眼前的玩具或父母的脸。脸上的表情也渐渐丰富起来，有时微笑，有时又咧嘴要哭，有时还表现出全神贯注的样子。这时候，每当父母对宝宝说话、微笑时，宝宝也会回应给父母微笑，而且还会手舞足蹈，表现出兴奋的样子。这时，父母应运用各种方法，如和宝宝说话、唱歌，给宝宝跳舞，拿玩具逗引宝宝，玩捉迷藏等，以刺激他的感官，开发他的智力。

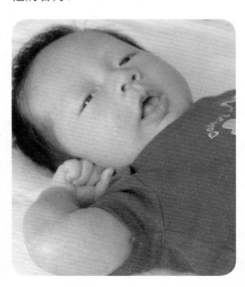

现代科学研究表明，2个月的宝宝喜爱对比强烈的颜色，黑白色的几何图形或脸部画像是宝宝的最爱。2个月以内的宝宝最佳注视距离是20~25厘米，太远或太近，虽然也可以看到，但不能看清楚。因此，在锻炼宝宝对静物的注视方法中，最有效的就是妈妈抱起宝宝，观看墙上的画片或桌子上的鲜花或果盘里的橘子、香蕉、苹果等。另外，妈妈对宝宝说话时，眼睛要注视着宝宝。这样，宝宝也会一直看着妈妈，这既是一种注视力的锻炼，也是母子之间情感的交流。由于宝宝喜欢明亮及对比强烈的色彩，所以要给宝宝看一些色彩鲜艳、构图简单的图片，比如小朋友、小动物和其他构图简单的玩具等。还可以在宝宝的小床上方挂一些悬挂物，一般距离宝宝30~40厘米即可，应挂在宝宝小床的两侧，而不是在头的垂直上方。

健康与安全

✿ 枕秃是因为缺钙吗

有的宝宝出现枕秃了，大多数的父母都认为是宝宝缺钙了，应该补钙。实际上，并不是所有的枕秃都是由缺钙引起的。枕秃的形成与宝宝的睡姿或枕头的材料有关。

2个月的宝宝基本都是仰卧着睡觉，而且一天的大多数时间是在睡眠中度过的。如果给宝宝睡的枕头过

1周
2周
3周
4周
5周
6周
7周
8周
9周
10周
11周
12周
13周
14周
15周
16周
17周
18周
19周
20周
21周
22周
23周
24周
25周
26周
27周
28周
29周
30周
31周
32周
33周
34周
35周
36周
37周
38周
39周
40周
41周
42周
43周
44周
45周
46周
47周
48周
49周
50周
51周
52周

硬，宝宝整天在枕头上磨来蹭去的，时间一长，就会把脑后的头发磨掉，形成枕秃。

因此，父母不要发现宝宝有枕秃，就忙着给宝宝补钙。要先弄清楚是什么原因引起的，然后再对症处理。

肠绞痛

肠绞痛一般发生在接近满月的宝宝身上。典型的症状大约在宝宝3周的时候开始，高发期在第6周。肠绞痛通常的症状是：原本活泼的宝宝忽然变得经常尖声哭叫，而且很有规律，每次发作的时间基本相同，尤其是傍晚发作比较多，有时在深夜。一般一个星期有3次以上的啼哭，每次哭的时间持续在两三个小时，而且连续3个星期都会出现这样的情形。哭的时候无论你怎样安抚都没有作用。

有的宝宝还会出现腹部鼓胀、脸色涨红的症状。这样的哭闹一般不伴随有发热、呕吐、腹泻的症状，哭过一段时间后，宝宝又会若无其事，和平常一样了。

宝宝有肠绞痛并不是一种病，它只是一种症状，随着宝宝的长大，生理发育逐渐健全，大约在3个月时，这样的情况就会慢慢减少。也有大约30％的宝宝要延续到5个月大时，这种情况才会消失。为减轻宝宝的肠绞痛，在宝宝哭闹的时候，尤其是有肠绞痛的症状时，应该坐着，让宝宝趴在自己的手上或者腿上，轻轻压迫宝宝的腹部和背部；也可以为宝宝做按摩，用湿热毛巾或者暖水袋敷在宝宝的腹部，水不可太烫，暖水袋外边最好裹上一层毛巾。

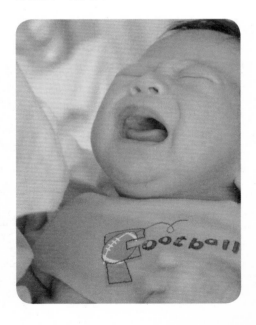

第7周

日常护理

▓ 不同季节的穿衣要求

夏季

宝宝在夏季穿的衣服，衣料应凉爽轻柔，可选用棉布、麻布或丝纺织品等，有利于排汗。上衣的样式可以是短袖、无袖、圆领或开襟，裤子以开裆短裤或半长的裤子等为宜，这样凉爽透气，可使宝宝较多地接触到空气和阳光。在夜里，当宝宝感到热的时候，常会用脚将被子踹开，这时可以给宝宝换上分上、下身的衣服。可以给宝宝穿一双袜子，即使小脚丫露在外面也不要紧，他就不会着凉了。

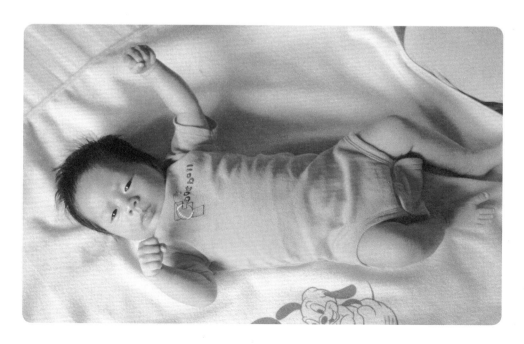

1周
2周
3周
4周
5周
6周
7周
8周
9周
10周
11周
12周
13周
14周
15周
16周
17周
18周
19周
20周
21周
22周
23周
24周
25周
26周
27周
28周
29周
30周
31周
32周
33周
34周
35周
36周
37周
38周
39周
40周
41周
42周
43周
44周
45周
46周
47周
48周
49周
50周
51周
52周

春秋季

在春秋季，宝宝可以穿薄绒衣裤、棉毛衫裤、棉布夹衣裤、棉布缝制的圆领长袖开襟上衣和开裆裤。也可以穿毛衣、毛裤，但毛衣、毛裤里面一定要穿棉质内衣裤，并要把内衣领翻到毛衣领口处，以免毛衣、毛裤直接摩擦宝宝的皮肤。

冬季

宝宝冬季服装的总体要求是保暖和轻软。冬季服装的衣料应选择温暖轻便的绒布或棉布类。棉袄可制成圆领，不用钮扣，腋下用带子固定，这种样式可根据宝宝的胸围及里面的衣服多少而随意调节。棉裤最好是背带连脚的开裆裤。为便于宝宝活动，棉袄和棉裤不宜缝制得太大、太厚。穿棉袄、棉裤时，里面要套内衣、内裤，棉袄外面可罩一件单布罩衣，以利于每天换洗。

喂养要点

❀ 哺乳时要尽量先排空一侧乳房

妈妈的乳房如果每次都能被宝宝吸空，就能促使乳房分泌更多的乳汁；如果宝宝一次只吃掉乳房内一半乳汁。下次乳房就会只分泌一半乳汁。经常这样，会使乳汁分泌越来越少，甚至全部消失。所以尽量让一侧乳房先被吸空，是最好的促使分泌充足乳汁的办法。

具体做法是，每次哺乳先让宝宝完全吸空一侧乳房，然后再吃另一侧；下次哺喂时让宝宝先吸未吃空一侧的乳房，这样可使每侧乳房被轮流吸空，从而保证乳汁分泌充分，并可使宝宝获得充足的母乳。

❀ 调整好夜间喂奶的时间

对于这个时期的宝宝来说，夜间大多还要吃奶，爸爸妈妈如果发现宝宝的体质很好，就可以设法引导宝宝断掉凌晨2点左右的那顿奶。因此，应将喂奶时间做一下调整，可以把晚上临睡前9～10点钟这顿奶顺延到晚上11～12点。宝宝吃过这顿奶后，一般会在4～5点以后才会醒来再吃奶。这样，爸爸妈妈基本上就可以安安稳稳地睡上4～5个钟头，不会因为给宝宝半夜喂奶而影响休息了。

刚开始这样做时，宝宝或许还不太习惯，到了吃奶时间就醒来了。这时妈妈应改变过去一见宝宝动弹就急忙抱起喂奶的习惯。不妨先看看宝宝的表现，等宝宝闹上一段时间，看是否会重新入睡。如果宝宝大有吃不到奶不睡的势头，可喂些温开水，说不定能让宝宝重新睡去。如果宝宝不能接受，那就只得喂奶了，等过一阵子再试试。从营养角度看，白天奶水吃得很足的宝宝，夜间吃奶的需求并不大。

总之，在掌握宝宝吃奶规律的基础上，应适当调整夜间吃奶的时间，以保证妈妈的休息。妈妈休息好了，宝宝才会有充足的奶源。

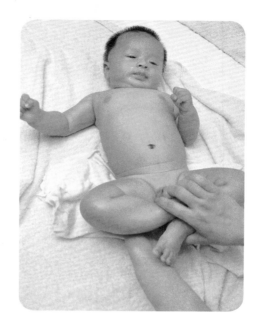

后期进行。

屈腿运动

爸爸或妈妈两手分别握住宝宝的两个脚踝，使宝宝的两腿伸直，然后再使两腿同时屈曲，使膝关节尽量靠近腹部。连续重复3次。

俯卧运动

运动时，宝宝呈俯卧姿态，两手臂朝前，不要压在身下，妈妈站在宝宝前面，用玩具逗引宝宝使其自然抬头。为避免宝宝过分劳累，开始时每次只练半分钟，然后逐渐延长，每天做1次即可。

扩胸运动

首先让宝宝仰卧，妈妈握住宝宝的手腕，大拇指放在宝宝手心里，让

体能和智能

帮宝宝做婴儿体操

宝宝第2个月的成长旅程又过半了，父母可能会发现宝宝爱动了，那么针对1个半月到2个半月的宝宝，应增加一项以按摩为主的宝宝体操。

由于刚过满月的宝宝每天大部分时间都是躺在床上，如果运动不足就会导致发育不良。为了防止出现这种情况，帮宝宝做婴儿体操是个比较好的办法。这种体操适合在第2个月的

1周
2周
3周
4周
5周
6周
7周
8周
9周
10周
11周
12周
13周
14周
15周
16周
17周
18周
19周
20周
21周
22周
23周
24周
25周
26周
27周
28周
29周
30周
31周
32周
33周
34周
35周
36周
37周
38周
39周
40周
41周
42周
43周
44周
45周
46周
47周
48周
49周
50周
51周
52周

宝宝握住，使宝宝的两臂左右分开，手心向上，然后两臂在胸前交叉，最后还原到开始姿势。连续做3次。

这些体操动作都利用了宝宝的各种无条件反射。所以在宝宝做体操时，要顺应这些自然反射，不要强行进行，以免损伤宝宝的身体。如果没有出现相应的反射动作，父母就不要勉强给宝宝做体操了。

健康与安全

及时发现鹅口疮

鹅口疮表面是层白斑，外观很像凝固的牛奶，通常出现在宝宝的双颊内侧，有时也会出现在舌头、上腭、牙龈等部位。新生儿出现的概率最高，尤其是在服用抗生素后更容易出现。

鹅口疮是由于白色念珠菌感染所致，通常是宝宝通过产道时感染白色念珠菌而导致的。

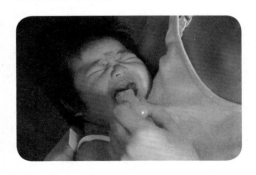

母体在怀孕期间体内激素水平发生变化，或宝宝使用抗生素后，都可以使这种真菌大量繁殖，从而引起感染。这种感染伴有疼痛感，会影响宝宝进食。若不及时治疗，有可能引起并发症。如果发现宝宝患有鹅口疮，应及时到医院治疗。

宝宝小便次数减少

宝宝在新生儿期，小便次数较多，几乎十几分钟就尿一次，父母每天要更换几十块尿布。随着宝宝月龄的增加，进入第2个月的宝宝与新生儿期的宝宝相比，排尿次数逐渐减少了，这时候父母就很担心宝宝是不是缺水了。

要想判断宝宝是不是缺水，一是看季节，二是看宝宝的体征。如果是在夏季，天气热，宝宝可能会缺水分，相应的症状有：宝宝不但尿次减少，而且每次尿量也不多，嘴唇发干。这就证明缺水了，应该赶紧补水。

还有一个原因会使宝宝的小便次数减少，那就是，宝宝逐渐大了，膀胱发育得也比原来大了，储存的尿液也多了。原来垫两层尿布就可以，现在垫三层也会湿透，甚至能把褥子都尿湿。因此，这种原因引起的宝宝小便次数减少，并不是缺水了，而是宝宝长大了，父母应该高兴才是。

第8周

日常护理

宝宝的睡眠规律

这个月的宝宝比新生儿期的睡眠时间有所减少，两次睡眠间隔稍有延长，不再是吃了睡、醒了吃的状态了。在这个时期，宝宝每天睡眠16～18个小时。一般来讲，宝宝的睡眠有以下规律：白天喂奶后醒一段时间，要睡4～5次，每次1.5～2个小时。夜间睡眠时间会相对延长一些，大约要睡10个小时。这个月要保证宝宝的睡眠质量。

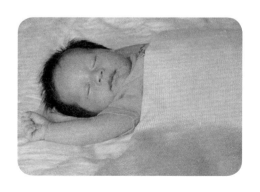

克服宝宝"睡倒觉"

所谓"睡倒觉"，就是有些宝宝每天总的睡眠时间不算少，但不符合正常的睡眠规律。有这种毛病的宝宝，白天睡得很沉，但一到晚上9～10点钟以后，就开始兴奋了，甚至一直要到凌晨2～3点钟才开始再次入睡。这个月的宝宝还不会玩耍，对周围的事物也缺乏兴趣，而且视觉和听觉还比较弱，所以在觉醒时哭的时候多，往往使父母手足无措。

以下几个办法可以帮助宝宝克服"睡倒觉"的毛病：白天，宝宝卧室的光线不要太暗，早晨或下午尽量不要让宝宝老睡觉，要把宝宝叫醒多逗他玩一会儿。特别是到下午5～6点钟以后不要哄宝宝睡觉。到了晚上7～8点钟时，给宝宝洗个澡，喂1次奶之后，等宝宝疲劳了就会自然入睡。利用这样的办法，经过一段时间的调整，宝宝"睡倒觉"的毛病就会慢慢克服了。

1周
2周
3周
4周
5周
6周
7周
8周
9周
10周
11周
12周
13周
14周
15周
16周
17周
18周
19周
20周
21周
22周
23周
24周
25周
26周
27周
28周
29周
30周
31周
32周
33周
34周
35周
36周
37周
38周
39周
40周
41周
42周
43周
44周
45周
46周
47周
48周
49周
50周
51周
52周

宝宝睡觉不沉的原因

随着月龄的增加，宝宝睡眠时间减少，听觉、视觉和嗅觉等感知能力增强，对外界刺激更加敏感。如果周围环境太吵，宝宝会出现睡眠不踏实的现象。有的父母认为宝宝睡觉不踏实是因为缺钙，其实大多数情况下并不是这个原因。

这个月的宝宝开始会做梦，做梦时会出现躁动。宝宝的运动能力也增强了，肢体活动增加，睡觉过程中会出现各种各样的动作，但宝宝始终处于睡眠状态，即使哭几声，拍几下很快就又入睡了。有时睁开眼看看，如果妈妈在身边，会闭上眼睛接着睡；如果发现妈妈不在身边，会大声哭起

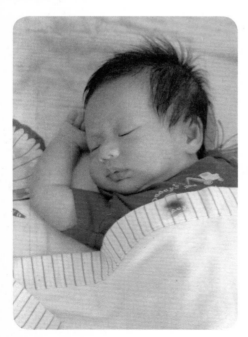

来，这时妈妈应立即跑过来拍拍，宝宝会马上停止哭闹，很快入睡；如果仍然哭，握住宝宝的小手放到他的腹部，轻轻摇一摇，宝宝会很快再次入睡；如果到了吃奶的时间，就要给宝宝吃奶。

喂养要点

宝宝吃奶时间缩短

这个月的宝宝吸吮能力增强，吸吮速度加快，因此，吃奶的时间势必也要缩短。这是正常现象，可是有些妈妈却认为宝宝吃得快，是因为自己的奶少，不够宝宝吃了，其实这样的担心是多余的。这个月的宝宝比新生儿更加知道饥饱，吃不饱他是不会入睡的，即使一时睡着了，也会很快醒来要奶吃。如果一天吃不饱，大便就会减少；即使次数不少，大便量也会减少；如果量不减少，次数也不少，甚至还增加，大便性质就会改变，排绿色稀便。

母乳和牛奶能混合喂养吗

当宝宝第2个月时，有的妈妈的奶水就不足了，这时，添加牛奶就成了唯一的选择。对于混合喂养，最重要的一点是，不可同时用母乳、牛奶

混合喂养宝宝。否则会导致宝宝消化不良或腹泻，影响宝宝的生长发育。

正确的做法是：要喂母乳就全部喂母乳，即使这次宝宝没吃饱，也不要马上喂牛奶，而是应该等下次喂奶时再喂牛奶。如果宝宝上一顿母乳没有喂饱，那么，下一顿一定要喂牛奶；如果宝宝上一顿母乳吃得很饱，到下一顿喂奶时间了，妈妈感到乳房很胀，那么，这一顿就仍然喂母乳。

总而言之，应该以母乳为主，牛奶为辅。宝宝可以连续两顿吃母乳，中间加一顿牛奶；也可以连续三顿吃母乳，中间加一顿牛奶。这样做有两个好处：一是有利于母乳的分泌，宝宝越吃妈妈的奶，妈妈乳汁分泌得越多；相反，妈妈的乳汁越不让宝宝常吃，也就越少。二是母乳仍然是这个月宝宝的最佳食品。

体能和智能

▓ 训练宝宝的听觉

对于宝宝来说，听觉是智能里最基础的因素，当宝宝到了第2个月的时候，很快就会对更多的事情感兴趣，许多宝宝都会注意到脚步声、开门声、水流声等。这些细微却生动的声音，可以锻炼宝宝的听觉。父母也可以制造一些适合宝宝听的声音。

方法1：妈妈可以用有声响的玩具在宝宝身旁摇动，父母在宝宝面前轻声唱歌，宝宝会随着声音追视发出响声的地方。

方法2：父母可以抓着宝宝的手，一起摇动会发出声响的玩具，也可以在宝宝手腕上系上一副摇铃。

锻炼宝宝听觉的同时，还有助于激发宝宝探究声音的来源，帮宝宝认识周围的事物。

▓ 给宝宝听音乐

对婴儿听觉能力的研究表明，第3个月宝宝的听觉进一步增强，而且对音乐产生了浓厚的兴趣。如果每天在宝宝情绪好的时候，放一些轻音

1周
2周
3周
4周
5周
6周
7周
8周
9周
10周
11周
12周
13周
14周
15周
16周
17周
18周
19周
20周
21周
22周
23周
24周
25周
26周
27周
28周
29周
30周
31周
32周
33周
34周
35周
36周
37周
38周
39周
40周
41周
42周
43周
44周
45周
46周
47周
48周
49周
50周
51周
52周

乐，可以增添宝宝的欢乐情绪，使宝宝的大脑活动增强，促进其智能的发育。

给宝宝听音乐时，不要以父母的音乐素养和爱好选择音乐类型，因为这个月的宝宝是很少挑剔音乐的。不过，用不了多久，宝宝听音乐的表情会很快让父母明白哪些是他的最爱。由于宝宝还小，对不同分贝的声音辨别能力还很差，所以要随时注意宝宝对音乐的反应，不要给他播放很复杂或旋律变化较大的音乐，不要离宝宝太近，也不要太响，以免引起惊吓。如果某种音乐使宝宝显得烦躁甚至惊吓，就应立即把音乐关掉。

健康与安全

新生儿夜哭

"夜哭"是指新生儿白天如常，每到夜晚则啼哭不眠，或午夜定时啼哭，甚至通宵达旦。在遭遇宝宝有夜啼问题的时候，千万不要按照传统的方法行事，要分析原因，找出科学的解决办法。其实，在宝宝不会说话之前，哭就是他的语言，啼哭是表达自己需求与情感的一种方式。一般情况下，当宝宝啼哭时，几乎所有的妈妈都会认为是宝宝饿了，然后把乳头或奶嘴塞到宝宝口中。面对宝宝的夜啼，这种方法有时虽然很管用，但并不是每次都能奏效。这是因为引起宝宝夜啼的原因是多样的，如果是宝宝的生理因素造成的，就要及时求助于儿科医生。

宝宝入睡后打鼻鼾

宝宝在睡眠时可能会发出微弱的鼻鼾声，如果是偶然现象，就不是病态。如果是经常性的而且鼻鼾声较大，就应及早带宝宝去医院检查。

在人体的鼻咽部有个淋巴组织，医学上叫做增殖体。如果是病理性的增殖体增大，入睡后人就会张口呼吸，并引起鼻鼾。宝宝的增殖体增大严重时，还会引起硬腭高拱、牙齿外突、牙列不齐、唇厚、上唇翘、表情痴呆、精神不振、体虚和消瘦等反应。所以，如果宝宝睡眠时出现经常性鼻鼾，就要请专科医生判断是否是病理性增殖体增大，如果是病理性的，应及早做手术切除。

第三章

9～12周宝宝完美养护

1周
2周
3周
4周
5周
6周
7周
8周
9周
10周
11周
12周
13周
14周
15周
16周
17周
18周
19周
20周
21周
22周
23周
24周
25周
26周
27周
28周
29周
30周
31周
32周
33周
34周
35周
36周
37周
38周
39周
40周
41周
42周
43周
44周
45周
46周
47周
48周
49周
50周
51周
52周

9～12周宝宝身体发育对照表

性 别	身 高	体 重	头 围	胸 围
男宝宝	58.4～67.6厘米	5.4～8.5千克	38.4～43.6厘米	37.4～45.3厘米
女宝宝	57.2～66.0厘米	5.0～7.8千克	37.7～42.3厘米	36.5～42.7厘米

第9周

日常护理

宝宝的作息参考方案

3个月宝宝每天的作息时间，可以参考以下方案：

6：00～6：30　起床、换尿布、盥洗、喂奶。

6：30～8：00　视听训练、游戏、做操。

8：00～10：00　换尿布、洗澡、第一次睡眠。

10：00～10：30　喂奶。

10：30～12：00　活动。

12：00～14：00　第二次睡眠。

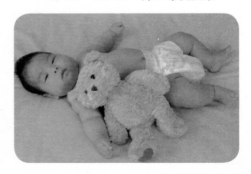

14：00～14：30　喂奶，喂鱼肝油。

14：30～16：00　活动。

16：00～18：00　第三次睡眠。

18：00～18：30　喂奶。

18：30～20：00　活动。

20：00至次日6：00　夜间睡眠（22：00时还需喂奶一次）。

以上的时间安排表，父母可根据自己宝宝的实际情况做出调整。

培养宝宝自然入睡

在这个月，最好不要哄宝宝睡觉，尽量让他自然入睡。这样可以养成宝宝自然入睡的好习惯，以免日后出现睡眠问题。

即使出现了一些睡眠问题，也不要着急，着急的结果会使宝宝睡眠问题更加严重。宝宝哪一天睡得少了，哪一天晚上不好好睡了，睡醒后哭闹了等，如果父母过于干预，着急、焦虑也会使宝宝产生不良情绪，还会使

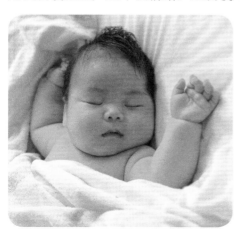

宝宝产生对父母的依赖。对于宝宝偶然出现的睡眠问题，要进行冷处理，让宝宝有自己调节的空间。

喂养要点

宝宝需要的营养素

相关营养素对宝宝是必不可少的，其摄入程度分别如下：

热量

热量是人体不可缺少的能量。

人体对热量的需求是满足基础代谢、活动、生长、消耗、排泄等所需要的总热量。宝宝出生后第1周，每日每千克体重需252～336千焦热量；出生后第2周，每日每千克体重需340～420千焦热量；出生后第3周及以上，每日每千克体重需要430～514千焦热量。

蛋白质

足月儿每日每千克体重需2～3克蛋白质。

氨基酸

人体不能合成或合成远不能供其需求的9种必需氨基酸是：赖氨酸、组氨酸、亮氨酸、异亮氨酸、缬氨酸、蛋氨酸、苯丙氨酸、苏氨酸、色氨酸。新生儿每天必须充足地摄入这9种氨基酸，摄入程度由实际情况决定。

1周
2周
3周
4周
5周
6周
7周
8周
9周
10周
11周
12周
13周
14周
15周
16周
17周
18周
19周
20周
21周
22周
23周
24周
25周
26周
27周
28周
29周
30周
31周
32周
33周
34周
35周
36周
37周
38周
39周
40周
41周
42周
43周
44周
45周
46周
47周
48周
49周
50周
51周
52周

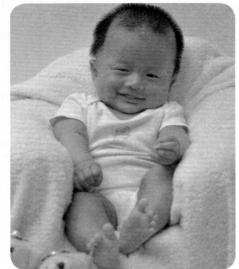

脂肪

人体每天对脂肪的需要量占总热量的45%～50%。母乳中不饱和脂肪酸占51%，其中75%可被吸收。亚麻脂酸和花生四烯酸是必需脂肪酸，缺乏亚麻脂酸会导致宝宝出现皮疹和生长迟缓，缺乏花生四烯酸会影响宝宝的大脑和视神经发育。

糖

足月儿每日每千克体重需糖（碳水化合物）12克。母乳与牛奶中的糖全为乳糖，较适合宝宝的生长发育。

矿物质

氯化钠，也就是食盐，能提供人体必需的钠。新生儿通过母乳或配方奶粉吸收营养，从乳汁中摄取钾、钙、磷、锌，因此不易缺乏；镁与钙是相互作用的，当镁缺乏时会影响钙

的吸收；如果新生儿缺铁，容易引起缺铁性贫血。

维生素

新生儿是否缺乏维生素，要根据产妇在孕期的身体状况进行判断。新生儿很少缺乏维生素，因此不需要额外补充。如果怀孕期间，母体对维生素的摄入严重不足、胎盘功能低下或发生早产，就可能导致新生儿缺乏维生素D、维生素C、维生素E和叶酸。所以，要根据新生儿维生素的缺乏程度，及时补充。

体能和智能

训练宝宝手的握力

到了第3个月时，对于一些发育较慢的宝宝，此时可能还不会自己张开手，但妈妈可以有意识地把宝宝的小手放到自己的脸上摩擦，或用嘴亲吻宝宝的小手，这时候往往是宝宝最高兴、最快乐的时候，宝宝往往会乐此不疲地反复做这个动作。有时妈妈也可以在宝宝的手里放一些小玩具，让宝宝自己触摸或者妈妈拿着宝宝的手去触摸一些物体，宝宝都会为触摸到不同质地的物体而感到兴奋。经过这样的触觉刺激，宝宝很快就会自己张开手，并努力去抓身边的东西。这时，父母就可以进一步训练宝宝的握

力了。

训练宝宝俯卧抬头

宝宝俯卧抬头的训练也是建立在第2个月时俯卧训练的基础上的。在第2个月时，宝宝可能会稍稍抬起头和前胸，但时间很短暂。到了第3个月时，宝宝的头和前胸已经基本抬得很稳，并且已能坚持几分钟，但仍然有个体差异。这种俯卧抬头的训练，不仅可以锻炼宝宝颈部和背部肌肉力量，而且对增加宝宝的肺活量也很有帮助。

训练宝宝俯卧抬头，可在宝宝睡醒之后，喂奶前1小时进行比较适宜。

宝宝的运动发育是连续性的，在宝宝能够俯卧抬头45度后，宝宝颈部肌肉的力量也在增强，双臂的力量也在增强，慢慢就可以高高地将头抬起，逐渐达到与床面呈90度角的程度。

健康与安全

导致宝宝腹泻的原因

下列因素可导致宝宝腹泻：

胃肠炎

胃肠炎很容易导致腹泻，如果宝宝出现腹泻，并伴有胃痉挛、呕吐、低热，很可能是胃肠炎造成的。

细菌感染

如果宝宝腹泻严重，同时伴有腹痛、血便、发热等现象，往往是病毒或大肠杆菌、沙门菌等病菌引起的。这种感染有些是可以自愈的，但有些也可能非常严重。出现这种情况，应马上带宝宝去医院检查。

寄生虫感染

寄生虫感染也可能引起腹泻。所以，要养成良好的卫生习惯，比如更换尿布后勤洗手，是终止寄生虫感染、传播的最好方法。

抗生素

如果宝宝正在使用有抗生素的药物或用此类药物治病后发生腹泻，要考虑到可能与所用的药物有关，遇到这种情况要及时去医院诊断治疗。

果汁过量

如果宝宝喝太多含有山梨醇和高浓度果糖的果汁或汽水等含糖饮料，

1周
2周
3周
4周
5周
6周
7周
8周
9周
10周
11周
12周
13周
14周
15周
16周
17周
18周
19周
20周
21周
22周
23周
24周
25周
26周
27周
28周
29周
30周
31周
32周
33周
34周
35周
36周
37周
38周
39周
40周
41周
42周
43周
44周
45周
46周
47周
48周
49周
50周
51周
52周

也可能会发生腹泻。少给宝宝吃这些食物，病情应该在1周左右就能好转。

配方奶

如果冲配奶粉时水放得过少，或冲调用具消毒不当，也会导致腹泻。这时最好先带宝宝去医院检查，然后再决定该怎么办。

牛奶过敏

牛奶过敏能引起腹泻，有时候还会导致呕吐。因此，一定要等到宝宝1岁以后，再给他喝牛奶。如果宝宝对牛奶过敏，那他可能在喝了以牛奶为原料的配方奶或吃了奶制品后的几小时内，表现出过敏症状。

大豆过敏

有些宝宝对大豆和大豆制品（包括大豆配方奶）有过敏反应。大豆过敏的症状与牛奶过敏类似，也包括腹泻。经过高度水解的奶或酪蛋白配方奶可以替代用牛奶和大豆做的配方奶。

免疫接种

有些宝宝打完防疫针后通常容易出现腹泻症状。轻微腹泻一般不需特殊处理，只要给宝宝多补充水分，及时更换尿布，保证充足的休息就可以了。但如果宝宝腹泻持续3天以上，就要及时带宝宝去医院诊治。

耳部感染

耳部感染可能影响到肠胃，使宝宝发生腹泻。

■ 对症处理宝宝腹泻

宝宝到了第3个月，可能会出现大便次数增多，粪便中混有硬块或多少带有黏液等情况，对于这种情况妈妈也不必过于担心，要仔细分析原因。一般吃母乳的宝宝不会出现腹泻，如果出现腹泻，首先应考虑引起腹泻的其他原因，如是否是宝宝吃奶过量造成的。可先测一下宝宝的体重，如果体重增长太快，就说明确实是母乳增加引起的。这时可在宝宝吃奶前先喝一些白开水以减少奶量，这样宝宝的大便次数会随之减少，腹泻状况也会得到改善。

对于用牛奶喂养的宝宝，只要奶瓶及奶嘴消毒严格，一般不会出现腹泻。如果宝宝有腹泻现象，但不发热、精神好，而且也爱喝牛奶，只要将牛奶的浓度调稀一些腹泻就会缓解。

还有一种原因，妈妈患上了感染性腹泻。如果妈妈不慎患了痢疾，在1～2天后宝宝也可能出现腹泻现象。一旦发生这种情况，即使宝宝的大便中没发现血或脓液，也应带宝宝去医院诊治。

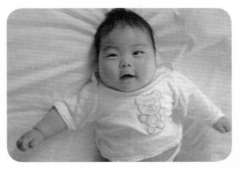

第10周

日常护理

给宝宝少穿一点

新生儿期的宝宝还没有形成应付外界环境的能力，保暖是非常重要的。但到了第3个月，宝宝饮食量渐渐增加了，运动量也逐渐增加，新陈代谢比新生儿期旺盛了许多，体内所产生的热量也多了起来。对于这个时期的宝宝来说，运动是生长发育必不可少的。此时，穿着不宜太厚，以利于宝宝运动，而且轻便的衣着活动起来不易出汗，运动停下来时也就不易着凉，也就减少了因着凉而造成的感冒、腹泻等疾病的概率。所以，从这个月起，就要养成给宝宝穿少、穿薄衣服的习惯。

由于衣服的布料不一样，不同的季节也有很大差别，但是，有这样一个大致的参考标准，那就是比妈妈少穿一件。同时，在宝宝的日常护理中，最重要的是根据具体情况及时给

宝宝增减衣服。比如，当傍晚气温急剧下降，或阴天下雨时，就应换上一件比白天和平时稍厚的衣服。如果宝宝热得出了汗，就应该适当脱掉一些衣服。

给宝宝理发

给宝宝理发可不是一件容易的事，给3个月大的宝宝理发就越发不容易了。

宝宝的颅骨较软，头皮柔嫩，理发时宝宝也不懂得配合，稍有不慎就可能弄伤宝宝的头皮。对于大人来说，理发弄伤头皮并不是什么严重的事，但对于宝宝来说可就不同了。

1周
2周
3周
4周
5周
6周
7周
8周
9周
10周
11周
12周
13周
14周
15周
16周
17周
18周
19周
20周
21周
22周
23周
24周
25周
26周
27周
28周
29周
30周
31周
32周
33周
34周
35周
36周
37周
38周
39周
40周
41周
42周
43周
44周
45周
46周
47周
48周
49周
50周
51周
52周

由于宝宝对细菌或病毒感染的抵抗力低，头皮受伤之后，常会导致头皮发炎或形成毛囊炎，甚至影响头发的生长。

因此，宝宝最好在3个月以后再理发。但是，如果夏季宝宝的头发较长，为避免头上长痱子可适当提前理发。理发最好在宝宝睡眠时进行，以免宝宝乱动。

理发工具最好用婴儿专用的小推子，理发前应先将推子、梳子、剪子等理发工具用75％的酒精消毒。

喂养要点

❋ 不适合哺乳的新妈妈

如果妈妈患病，哺乳势必会增加妈妈的负担，使疾病加重。有些药物可在乳汁中分泌出来，如果妈妈长期服用，可使宝宝发生药物中毒。患传染病的妈妈，还可能通过哺乳将疾病传染给宝宝，因此，妈妈有病或服药时都不应该哺乳。一般来说，妈妈患

下列疾病或特殊状况时不宜喂奶。

急性病

如患有急性传染病、乳房感染和乳房手术未愈等病时，不宜给宝宝哺奶。但需每隔3～4小时挤奶1次，以免奶汁减少，以便疾病痊愈后继续给宝宝喂奶。

慢性病

如患活动性肺结核、迁延型和慢性肝炎、严重心脏病、肾脏病、严重贫血、恶性肿瘤、其他职业病和精神病等时，不宜给宝宝喂奶。

乳头皲裂

当乳头皲裂时，可以挤奶后用小匙哺喂。生奶疖时，有病的一侧不要给宝宝喂奶，但需按时挤出奶汁。

总之，妈妈患病或有特殊状况后是否继续哺乳，应当从宝宝的营养和安全以及妈妈的身体和心理上的负担两者结合起来慎重考虑，权衡利弊，做出合理的选择。

❋ 妈妈生病了还可以哺乳吗

妈妈患一般疾病，如乳头破裂、乳腺炎、感冒或肠胃不适等，原则上并不影响母乳喂养。此时母亲体内的抗体可以通过乳汁传给宝宝，也可提高宝宝抵抗疾病的能力。但要注意谨慎用药，应主动告诉医生自己正在哺

乳，请医生帮助选择对宝宝无不良影响的药物。

如果妈妈患急慢性传染病、心脏病、肾脏疾病、糖尿病或慢性病需用药治疗时，或需使用抗生素等药物治疗期间，应暂停母乳喂养。

体能和智能

❋ 训练宝宝翻身

宝宝的翻身训练是下一步学坐的基础。虽然3个月前的宝宝主要以仰卧为主，那么，到了第3个月的时候，宝宝肯定已经开始了一些全身肌肉的活动，或者可以采用侧卧的姿势睡觉了。如果是这样的话，训练翻身就会容易很多。训练宝宝翻身应该根据宝宝的实际情况循序渐进，可以参考以下方法。

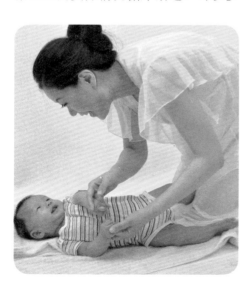

转身法

训练时，先让宝宝仰卧，然后父母可分别站在宝宝两侧，用色彩鲜艳或有响声的玩具逗引宝宝，训练宝宝从仰卧位翻至侧卧位。如果宝宝自己翻身还有困难，也可以在宝宝平躺的情况下，妈妈用一只手撑着宝宝的肩膀，慢慢将他的肩膀抬高，帮宝宝做翻身的动作。在宝宝的身体转到一半时，让宝宝恢复平躺的姿势。这样左右交替地训练几次，宝宝就可以进一步练习真正的翻身了。

转脚法

转脚法必须建立在宝宝会以侧卧姿势睡眠的基础上。训练时，先让宝宝侧卧，在宝宝的左侧和右侧放一个色彩鲜艳或有响声的玩具，然后父母抓住宝宝的脚踝，让右脚横越过左脚，并碰触到床面。搬动宝宝脚的时候，动作要轻柔，并注意宝宝的身体是不是也跟着脚翻转。如果不跟着转，可以轻轻地在宝宝背后推一把。如果宝宝的身体跟着脚翻转，就会自己翻过去，变成趴着的姿势。只要宝宝在父母的帮助下完成这个动作，就可以提前翻身了。

❋ 和宝宝做感官刺激游戏

在培养训练宝宝对感官刺激的反

1周
2周
3周
4周
5周
6周
7周
8周
9周
10周
11周
12周
13周
14周
15周
16周
17周
18周
19周
20周
21周
22周
23周
24周
25周
26周
27周
28周
29周
30周
31周
32周
33周
34周
35周
36周
37周
38周
39周
40周
41周
42周
43周
44周
45周
46周
47周
48周
49周
50周
51周
52周

应时，可以做多种游戏，下面几种游戏可供参考。

给宝宝唱歌

给宝宝喂奶时，可以放些音乐，喂奶结束后，妈妈可以将宝宝抱起来，拍拍摇摇哼哼歌。平时，父母也应经常给宝宝念念儿歌或唱唱歌，这样做不仅在听觉上能给宝宝以良好的刺激，同时还能促进宝宝的认知能力。

给宝宝变戏法

可用两种特点鲜明、容易区分的玩具和宝宝做这个游戏。你先藏起一个，再藏另一个，然后两个同时藏起来。每次藏玩具时，都应注意观察宝宝的反应和表现。这个游戏只要反复几次，宝宝就会做出寻找的反应。

和宝宝跳舞

平时，父母可以选择一些如华尔兹或民谣等轻柔、节奏舒缓的音乐，放录音也行，最好是自己哼唱，同时把宝宝抱在怀里，随着音乐节拍，

轻轻地一边摇摆，一边迈着舞步，或是合着音乐的节拍轻柔地转身或旋转。和宝宝共舞，可以激发宝宝愉快的情绪，进而可以刺激宝宝的感觉器官和小脑发育，培养宝宝的动感和节奏感。

健康与安全

❖ 应对便秘的策略

3个月的宝宝，极易发生便秘。宝宝便秘的原因很多，最常见的是缺水。特别是非母乳喂养的宝宝，因为牛奶中钙的含量较高，容易导致宝宝上火，如果水分补充不足，就会引起便秘。

所以，为了防止宝宝发生便秘，父母应注意多给宝宝喂些水，特别是在天气炎热的情况下，更要不时地给宝宝喂水。也可在牛奶中加些白糖(100毫升牛奶中可加5～8克)，白糖可软化大便。还可以给宝宝适当喂些菜汤、果汁等。

如果宝宝便秘得较严重，粪便积聚时间过长，不能自行排出时，父母可试着用小儿开塞露注入肛门，一般就能使宝宝顺利通便。但这种方法对宝宝有一定的刺激，而且容易让宝宝产生心理上的依赖，最好不要常用。便秘严重时要及时去医院诊治。

第11周

日常护理

宝宝居室的温度与湿度要求

第3个月的宝宝对环境的要求仍然比较严格，其中最重要的就是温度和湿度。

首先，室内温度不能忽高忽低，夏季应保持在27℃左右；冬季应保持在21℃左右；春秋两季不需特别调整，只要保持自然温度就可以基本符合要求。春、夏、秋三季都可以较长时间地打开窗户，但应该避免对流风。冬季也可以短时间地开窗，但在开窗时妈妈应将宝宝抱到其他房间。通风后，等室温升上来以后再把宝宝抱回来。

1周
2周
3周
4周
5周
6周
7周
8周
9周
10周
11周
12周
13周
14周
15周
16周
17周
18周
19周
20周
21周
22周
23周
24周
25周
26周
27周
28周
29周
30周
31周
32周
33周
34周
35周
36周
37周
38周
39周
40周
41周
42周
43周
44周
45周
46周
47周
48周
49周
50周
51周
52周

其次，室内的湿度对宝宝的呼吸道健康非常重要，湿度保持在45%～55%。宝宝如果生活在南方地区，室内的湿度标准一般都可以达到。但对于生活在北方地区的宝宝来讲，室内想达到上述湿度标准要采取一定措施才行。

带宝宝外出时的注意事项

从第3个月起就应适当增加到户外活动的时间，一方面可以使宝宝精神愉快，另一方面也可通过空气的刺激锻炼宝宝的皮肤，增强宝宝的抗病能力。

竖抱着宝宝外出时，应注意宝宝脖子的挺立程度，如果宝宝脖子能够挺立20分钟或30分钟精神依然很好，那就可以经常竖着抱宝宝。外出的时间最好控制在30分钟之内。值得注意的是，第3个月的宝宝还不能乘坐座式手推车，即使是可以躺的箱式手推车也应注意宝宝的安全。最安全的办法是妈妈或爸爸抱着外出，要时刻注意保护宝宝的颈部和头部。可以让宝宝躺在手推车里，妈妈在旁边干一些零活，但眼睛要不时地看着宝宝，且要不时地与他说话。

不要抱着宝宝去商店买东西，也不要带宝宝去电影院等人多的地方，以免感染疾病。

喂养要点

宝宝吃不饱的应对策略

第3个月后，妈妈乳汁分泌会明显减少，渐渐地满足不了已经长大的宝宝的需求。

母乳不足时，可先加1次牛奶试试。在妈妈觉得奶最不胀的时候(一般在下午4～6点)，可给宝宝喂150毫升牛奶，试着连续喂5天。如果5天后宝宝体重增加仍不到100克，就需再加1次牛奶，但不要过量。如果每天喂6次牛奶，每次牛奶的量不应超过

150毫升，日平均体重增长不应超过40克。如果每天加喂2～3次牛奶，宝宝日平均体重增加30克左右，就可以一直坚持下去。总之，随着宝宝需奶量的增加，加喂牛奶的次数也该相应增加，但前提条件是需要称宝宝的体重，看一看宝宝身体的表现。

不要过早给宝宝添加辅食

这个时期的宝宝会翻身、会笑了。父母看到宝宝越长越大，认为可以给宝宝吃一些辅食了，于是，就迫不及待地为宝宝添加米粉等谷类食物。

其实，这个月的宝宝消化腺还不发达，许多消化酶尚未形成。这样做有很多不利因素：首先是易导致宝宝消化不良，进而影响宝宝正常吃奶，最后造成营养不良；其次是宝宝在妈妈或爸爸的强行喂食下，极易造成能量过剩，日后容易发生肥胖。

所以，父母不宜过早给宝宝添加辅食，也不要非让宝宝把奶瓶里的奶喝光。此外，不要经常给宝宝喂葡萄

糖水，以免影响其食欲，造成宝宝拒食其他食物或厌食。

体能和智能

蹬球游戏

将一个直径30厘米的大球放在床尾让宝宝双脚自由蹬踢。有些大球内有铃铛，宝宝踢动大球时能弄响里面的铃铛，使宝宝更乐意用下肢把大球推来推去，让铃铛发出声音。当宝宝感到自己的运动会发出声音，就会更乐意蹬踢。蹬球既能使宝宝高兴，又能锻炼宝宝身体，使其下肢更加灵活。

游戏完毕后，一定要将玩具收走，这样可以让宝宝睡眠的地方宽敞，也可以防止宝宝自己玩的时候出现意外。

看图游戏

把"一图一物"的大幅彩图挂在房间四壁，图的内容不同，有人物的最好是小孩，或好看又好吃的水果、大个的动物、漂亮的汽车或颜色鲜艳的花等。父母每天抱着宝宝去看并给他说图的名称，可以编一些顺口溜去形容某一幅图。坚持一段时间后，有一天，宝宝可能会对其中某一幅图画特别感兴趣，每次到图画跟前，宝宝

1周
2周
3周
4周
5周
6周
7周
8周
9周
10周
11周
12周
13周
14周
15周
16周
17周
18周
19周
20周
21周
22周
23周
24周
25周
26周
27周
28周
29周
30周
31周
32周
33周
34周
35周
36周
37周
38周
39周
40周
41周
42周
43周
44周
45周
46周
47周
48周
49周
50周
51周
52周

会笑出声音，手舞足蹈。每个宝宝喜欢的图都会有所不同，如果头几次宝宝没有强烈的看图兴趣，可以换掉其中一些，或者在图画上加上一点小装饰物，如在人物头上加一个蝴蝶、在苹果上加片叶子、在动物身上挂个铃铛等。有了一点改变，就会使宝宝重新加以注意，然后注视他最喜欢的彩图。这个游戏可使宝宝有明确的视觉分辨能力，并选择自己喜欢的彩图。

健康与安全

宝宝大便溏稀

有些宝宝的大便可能会夹杂着奶瓣或发绿、发稀，这不要紧。只要吃得好，腹部不胀，大便中没有过多的水分或便水分离的现象，就不是异常。

如果宝宝大便稀少而绿，每次吃奶间隔时间缩短，好像总吃不饱似的，可能是母乳不足了。但不要轻易添加奶粉，每天在同一时间测体重，记录每天体重增加值，如果每日体重增加少于20克，或5天体重增加少于100克，再试着添加一次奶粉。观察宝宝是否变得安静，距离下次吃奶时间是否延长了，如果是的话，每天添一次奶粉，5天后测体重如果增加了100克以上，甚至达到150～200克，证明是母乳不足导致大便溏稀发绿。

宝宝一吃就拉

人们都说孩子是直肠子，一吃就拉。妈妈把尿布换得干干净净，再把宝宝抱起来吃奶，还没吃几口，宝宝就大便了，妈妈会认为不正常，就给宝宝吃药。遇到这种情况，不要急于换尿布，因为马上给宝宝换尿布不仅会打断宝宝吃奶，由此导致宝宝吃奶不成顿；还会使宝宝将刚吃进的奶溢出来，加重溢乳程度。所以，最好等到宝宝吃完奶后再换尿布。

第12周

日常护理

❋ 新生儿的睡眠环境不必太安静

有不少新妈妈在宝宝睡觉时，会把电话铃声关掉，甚至不让人大声说话，干什么事都蹑手蹑脚地非常小心，生怕惊扰了宝宝的睡眠。其实这样做是完全没必要的。

事实上，想将宝宝的睡眠完全控制在安静的环境下，这几乎是不可能

的，也完全没有这个必要。因为宝宝在妈妈的肚子里早已习惯了伴着某种音律入梦。宝宝在妈妈腹中的几个月间，时常都会听到某些声音，如：妈妈的心跳声，肚子的咕噜声，包括妈妈的话语声。现在，宝宝可能会因为没有这些声音而难以入眠。如果将宝宝的睡眠控制在非常安静的环境中，反而对宝宝的生长发育不利。

新妈妈要细心观察，了解什么样的声音以及多大的音量是宝宝可忍受的，并仔细观察宝宝对各种声音的反应，采取一些必要的措施。例如，当发现宝宝在睡梦中很容易因为某一些声音惊醒，那就尽量控制这些声源，如电话铃声和门铃声等。还可以轻轻地哼唱、试试风扇转动声、放一些柔和的音乐或者其他用来安抚宝宝的有声玩具。在这些带有声响的环境中，宝宝可能睡得更香。

❋ 如何应对宝宝啼哭

刚出生的宝宝不会说话，只会

1周
2周
3周
4周
6周
7周
8周
9周
10周
11周
12周
13周
14周
15周
16周
17周
18周
19周
20周
21周
22周
23周
24周
25周
26周
27周
28周
29周
30周
31周
32周
33周
34周
35周
36周
37周
38周
39周
40周
41周
42周
43周
44周
45周
46周
47周
48周
49周
50周
51周
52周

用哭声来表达自己的想法。有的父母会为不知道宝宝哭的原因而苦恼，其实，只要细心，父母都能发现孩子的需求是什么。

当宝宝啼哭的时候，首先要做出的回应就是抱起宝宝，安抚他。对于出生不久的宝宝，父母可能没有经验，有时宝宝因为饿而哭了，但父母不知道，于是抱起宝宝哄哄，但宝宝会在妈妈怀抱里寻找乳房，这时妈妈就能知道宝宝是饿了。经过类似不断地磨合，父母可以渐渐摸索出宝宝的每一个哭声是什么意思。

不管宝宝是希望得到食物，还是希望得到怀抱和舒适的感觉，宝宝的哭都是有原因和意义的，父母不应对宝宝的哭闹置之不理。当宝宝的要求都得到了满足，自然会信赖父母，所以说这种回应正是建立宝宝对父母的信任感的第一步。

喂养要点

妈妈上班前的必要准备

宝宝3个月了，大多数妈妈得为上班做准备了（产假超过3个月者，一定要坚持母乳喂养），虽然既要上班，又要为宝宝哺乳很辛苦，但许多这样的妈妈都乐在其中。因为上班哺乳有种种好处，但要做好这项工作还需进行一番周密的安排。一般情况下，上班哺乳就是母乳、牛奶或配方奶混合着喂。这是因为，在这个时候母乳一般不足，必须添加牛奶。另一方面，由于妈妈万一不能按时回来喂奶，就得给宝宝喝牛奶，因此妈妈上班前，一定要训练宝宝学会喝牛奶。

妈妈上班前还需要做以下的准备：

首先，在妈妈给宝宝喂母乳期间，就应当适当地给宝宝用奶瓶喂奶，让宝宝在熟悉妈妈乳头的同时，也开始逐渐熟悉奶瓶，这样宝宝就不会拒绝奶瓶了。

其次，妈妈上班前必须先练好挤奶的技巧，同时在冰箱冷藏库中储存挤出的奶备用（冰箱冷藏备用的母乳不得超过24小时），以供妈妈上班后宝宝之需。如果妈妈打算让宝宝在自己的工作时间内喝配方奶，也必须学会挤奶，否则会尝到胀奶的痛苦，并会影响到母乳的分泌。

如果有可能，妈妈最好采取上半天班的办法，或做兼职，这样就能两全其美。

可以给宝宝多加牛奶吗

有些宝宝在妈妈给添加牛奶后，就喜欢上了奶瓶，因为橡皮奶嘴孔大，吮吸省力。而母乳需要主动吮吸，吃起来较费力，于是宝宝就开始做出选择，表现出对牛奶有极大的兴趣。这时，妈妈不要任由宝宝喜好，因为如果不断增加牛奶量，母乳分泌就会减少，这样，不利于母乳的喂养。

体能和智能

培养宝宝的发音和语言能力

此时，宝宝能发出较多的自发音，并能清晰地发出一些元音，父母可以利用这个机会培养宝宝的发音，在宝宝情绪愉快时多与宝宝说说。

有时宝宝会哭，父母可以轻轻抱起宝宝，用手指在他嘴上轻拍，让他发出"哇、哇、哇"的声音，也可以将宝宝的手放在父母的嘴上，拍出"哇、哇、哇"的声音。这些都可以作为宝宝发音的基本训练，使宝宝感受多种声音、语调，促进宝宝对语言的感知能力。

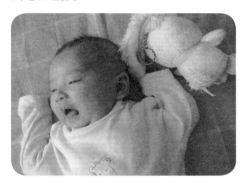

培养宝宝的社会行为能力

有的宝宝一见生人就哭，更不用说让父母以外的人抱了。之所以出现这种情况，很大的原因就是宝宝在很小的时候缺乏社会行为能力的培养和训练。

宝宝交往的第一个对象是妈妈，其次是爸爸。现在基本上都是独生子女，而且大部分住的是楼房，与他人交往不多。所以，父母要尽量为宝宝创造与他人交往的机会，多让宝宝见见生人，或者让邻居抱一抱，让宝宝对更多的人微笑，愿意与更多的人交往。这种最初的交往会影响宝宝成人

1周
2周
3周
4周
5周
6周
7周
8周
9周
10周
11周
12周
13周
14周
15周
16周
17周
18周
19周
20周
21周
22周
23周
24周
25周
26周
27周
28周
29周
30周
31周
32周
33周
34周
35周
36周
37周
38周
39周
40周
41周
42周
43周
44周
45周
46周
47周
48周
49周
50周
51周
52周

后的社会交往。但应该注意的是，不要带宝宝到人多的公共场所，以免感染疾病。

健康与安全

❊ 注射"百白破"三联疫苗

"百白破"三联疫苗是由百日咳菌苗、白喉类毒素和破伤风类毒素按适当比例配置而成的，用来提高对百日咳、白喉、破伤风三种疾病的抵抗能力。接种后，它们各自发挥其免疫作用。百日咳抗原成分刺激人体产生具有凝集、中和与杀灭百日咳杆菌的各种抗体，能抵抗百日咳感染而不发病。白喉和破伤风类毒素可以使人体产生相应的抗毒素，通过抗毒素中和白喉、破伤风杆菌产生的外毒素。这种疫苗一般是肌内注射，注射部位多在上臂三角肌附着处，也可选择臀部。

三联针对破伤风的预防效果最好，抗体可维持10～15年时间，保护率可达95%以上。对白喉的预防效果也较为理想，约90%的宝宝血清中白喉抗毒素可达到保护水平。对百日咳的保护率可达到80%左右。

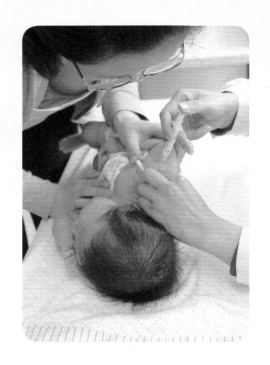

❊ 接种疫苗后有不良反应该如何处理

接种"百白破"三联疫苗后，宝宝可能有轻微的发热、烦躁不安症状。注射后的当晚宝宝睡眠可能不好，易惊醒或哭闹，如发热未超过39℃，无抽筋等严重反应，可不用处理，通常经过2～3天即可自愈。该疫苗接种的局部可能出现红肿，持续一定时间后也会逐渐消失。第一针注射后宝宝的体温升到39.5℃以上，或有抽风，则不宜再接种第二针，以免发生严重不良反应。若宝宝全身反应较重，应及时到医院诊治。

第四章

13～16周宝宝完美养护

1周
2周
3周
4周
5周
6周
7周
8周
9周
10周
11周
12周
13周
14周
15周
16周
17周
18周
19周
20周
21周
22周
23周
24周
25周
26周
27周
28周
29周
30周
31周
32周
33周
34周
35周
36周
37周
38周
39周
40周
41周
42周
43周
44周
45周
46周
47周
48周
49周
50周
51周
52周

13～16周宝宝身体发育对照表

性 别	身 高	体 重	头 围	胸 围
男宝宝	59.7～69.5厘米	5.9～9.1千克	39.7～44.5厘米	38.3～46.3厘米
女宝宝	58.6～68.2厘米	5.5～8.58千克	38.8～43.6厘米	37.3～44.9厘米

第13周

日常护理

▓ 宝宝流口水的原因

宝宝常常流口水是这一时期的特征之一，但对宝宝流口水现象，父母要分清原因，区别对待。因为流口水分生理性、病理性两种。

生理性流涎

这个时期的宝宝刚开始出牙，出牙对三叉神经的刺激，引起唾液即口水分泌量的增加，但宝宝还没有吞咽大量唾液的能力，口腔又小又浅，因而唾液就流到口腔外面来，形成所谓的"生理性流涎"。这种现象随着月龄的增长会自然消失，父母不必过于

担心，只需要给宝宝随时擦洗，并更换干净绵软的围嘴就可以了。

病理性流涎

如宝宝口腔出现炎症时，如牙龈炎、疱疹性龈口炎也容易出现流口水，且往往伴有烦躁、拒食、发热等全身症状，回顾病史时常常发现有与疱疹患者接触史。所以，遇到这种突然性口水增多时，父母应及时带宝宝到医院诊治。

为宝宝准备围嘴

从这个月起，宝宝就要开始长牙了，由于宝宝的唾液分泌增多且口腔较浅，加之其闭唇和吞咽动作还不协调，宝宝还不能把分泌的唾液及时咽下，所以会流很多口水。

这时，为了保护宝宝的颈部和胸部不被唾液弄湿，可以给宝宝戴个围嘴。这样不仅可以让宝宝感觉舒适，而且还可以减少换衣服的次数。围嘴可以到宝宝用品商店去买，也可以用吸水性强的棉布、薄绒布或毛巾布自己制作。

值得注意的是，不要为了省事而选用塑料及橡胶制成的围嘴，这种围嘴虽然不怕湿，但对宝宝的下巴和手都会产生不良影响。宝宝的围嘴要勤换洗，换下的围嘴每次清洗后要用开水烫一下，最好能在阳光下晒干后备用。

喂养要点

宝宝的喂养原则

这个时期是妈妈喂养"母乳"最顺手的时期，但许多人会建议在此阶段给宝宝添加辅食。其实，不用过于着急。关于哪个月给宝宝添加辅食，是没有硬性规定的，具体还是要看宝宝自身的情况。

这个月宝宝仍能够从母乳中获得所需营养，获得母乳充足的宝宝这个月可以不添加任何辅食。事实上，过早地给宝宝添加辅食对宝宝并没有益处，这时宝宝也并不适合吃其他辅食。添加辅食不仅有导致肥胖的可能，辅食中的盐分也会给宝宝带来血压升高的害处。我们建议妈妈再耐心给宝宝喂养一个月的母乳，不用着急添加辅食。

吃奶次数和吃奶量该怎样把握

到宝宝第4个月时，吃奶次数应

1周
2周
3周
4周
5周
6周
7周
8周
9周
10周
11周
12周
13周
14周
15周
16周
17周
18周
19周
20周
21周
22周
23周
24周
25周
26周
27周
28周
29周
30周
31周
32周
33周
34周
35周
36周
37周
38周
39周
40周
41周
42周
43周
44周
45周
46周
47周
48周
49周
50周
51周
52周

该是基本固定的。一般每天吃5次，夜里不吃。还有的宝宝是每隔4小时吃1次奶，5次以外夜里还要加1次，共喂6次。究竟夜里用不用给宝宝喂奶，这要根据宝宝的具体情况而定，总的原则是，宝宝能够消化吸收，体重在合适的范围以内。

在吃奶量上，父母要严格掌握，既不使宝宝饿着，又要防止宝宝超量。4个月时的宝宝，每天的奶量不应超过1 000毫升，即如果按宝宝每天喝5次奶算，每次应该喝180毫升；如果宝宝每天喝6次，每次就应该喝150毫升较为合理。

体能和智能

❋ 训练大小肌肉运动能力

宝宝的大小肌肉训练主要包括四肢运动和头颈部运动。在训练时，除了继续坚持每日数次帮助宝宝做体操外，还要重点做以下训练：

够取玩具训练

在进行够取玩具训练之前，应巩固宝宝的抓握能力。先拿出一个宝宝的手能抓住且能发出响声的玩具，比如摇铃、拨浪鼓等，在宝宝的上方或两侧摇动，先使宝宝听到声音并看到玩具，然后再让宝宝去抓握。每日训练数次，每次数分钟。

在能持续抓握5秒钟以上时，再进行够取玩具训练。训练时，妈妈和爸爸可用一条小绳系上一个宝宝能够够得着、抓得住而且对宝宝具有吸引力的玩具，先在宝宝面前晃动几次，引逗宝宝伸手去够取或把着他的手让他够取玩具。左右两手都要练习，以训练宝宝手部肌肉紧张和放松的能力。

蹬脚训练

父母先用一个能够一碰就响的玩具触动宝宝的脚底，引起宝宝的注意和刺激脚部的感觉。当宝宝的脚碰到玩具时，玩具的响声将会引起宝宝的兴趣，然后宝宝会主动蹬脚。这时，妈妈或爸爸配合宝宝移动玩具的位置，让宝宝每次蹬脚都能碰到玩具，每次成功后可用亲吻或抱一抱的方式来鼓励宝宝。

俯卧支撑训练

在巩固第2个月、第3个月进行的俯卧抬头训练基础上，当宝宝俯卧时头部能稳定地挺立达90°时，妈妈或爸爸可站在距宝宝1米左右的地方，手拿摇铃或一捏就响的玩具逗引宝宝，训练宝宝用前臂和胳膊肘支撑起头部和上半身，使宝宝的脸正视前方，胸部尽可能抬起，每日训练数次，每次数分钟。同时，还要用手抵住宝宝的足底，观察宝宝有没有向前爬动的意思，为将来练习爬行做准备。

健康与安全

为什么宝宝睡眠时很容易被惊醒

一般情况下，大多数的宝宝睡眠时都会睡得很沉。如果宝宝每次睡着后，睡眠时间很短，不足1小时，并且睡着后天气不热，而头发、衣服、枕头照样汗湿；听到一点声音就很快醒来，甚至还会被惊哭，可疑为佝偻病。遇到这种情况时，父母应带宝宝到医院检查。千万不可自作主张给宝宝服用钙片或维生素D制剂。因为维生素D制剂服用过量会引起中毒，影响宝宝的健康。

缺铁性贫血的原因和防治

这个月的宝宝，容易出现营养性缺铁性贫血，这是因为宝宝体内储存的铁，只能满足4个月内生长发育的需要。也就是说，宝宝从母体带来的铁元素，已经基本消耗完了。同时，4～6个月宝宝的体重、身高增长迅速，对铁的需求量也高，因此，容易发生缺铁性贫血。

缺铁性贫血对宝宝身体的危害是很大的，大多轻度贫血的症状、体征不太明显，待有明显症状时，多已属于中度贫血，主要表现为上唇、口腔黏膜及指甲苍白；肝脾淋巴结轻度肿大；食欲减退、烦躁不安、注意力不集中、智力减退；明显贫血时心率增快、心脏扩大，常易合并其他疾病感染等。化验检查血中红细胞变少，血红蛋白降低，血清铁蛋白降低。

防治缺铁性贫血，父母就需要给宝宝增加含铁量高的辅食。具体办法可以参考以下几种：

一是坚持母乳喂养。母乳含铁量与牛奶相同，但其吸收率高，可达50%，而牛奶只有10%。母乳喂养的宝宝患缺铁性贫血者较人工喂养的少。

二是定期给宝宝检查血红蛋白。宝宝在出生后的6个月时需检查1次；1岁时需检查1次；以后每年检查1次，以便及时发现贫血。

第14周

1周
2周
3周
4周
5周
6周
7周
8周
9周
10周
11周
12周
13周
14周
15周
16周
17周
18周
19周
20周
21周
22周
23周
24周
25周
26周
27周
28周
29周
30周
31周
32周
33周
34周
35周
36周
37周
38周
39周
40周
41周
42周
43周
44周
45周
46周
47周
48周
49周
50周
51周
52周

日常护理

为宝宝准备枕头

从这个月开始，宝宝的头与身体的比例逐渐趋于协调，所以可以给宝宝使用枕头了。给宝宝专用的枕头可以用棉布做枕套，用谷子、小米或荞麦皮做枕芯。

考虑到宝宝的个体差异，枕头的规格尺寸也不宜规定得太严格，一般情况下可以参考以下标准，即以长30厘米、宽15厘米、高3厘米为宜。宝宝的枕头切忌太高。此外，由于宝宝的

头常常偏向妈妈一侧，总保持一个姿势不利于宝宝头部的自由活动，也容易将头睡偏，甚至造成习惯性斜颈。所以在使用枕头时，妈妈还要经常变换宝宝小床的位置或睡觉的方向。

宝宝可以使用儿童车吗

宝宝到了第4个月，活动能力逐渐增强，掉地上和容易磕碰的概率也多了起来。如果给宝宝使用儿童车，安全系数就大得多了。

儿童车的式样比较多，经过调整可以适应宝宝的各种姿势，可以靠着坐、半卧，也可以平躺，使用起来非常方便。将宝宝放在婴儿车里，再给他一些玩具让宝宝自己玩耍，父母就可以放心地去干其他事。但要注意，宝宝不能离开妈妈的视线内。外出时，也可以让宝宝靠坐或躺在车里，父母推着车带宝宝去晒晒太阳，呼吸新鲜空气。

但是在使用婴儿车时，时间不能太长，否则会造成宝宝的肌肉负荷过

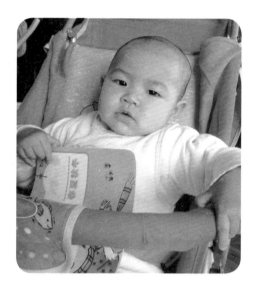

重而影响生长发育。另外，让宝宝长时间单独坐在车子里，减少与父母的交流，从而影响宝宝的心理发育。

喂养要点

奶量减少的原因

第4个月的宝宝生长的速度开始减慢，再也不是新生儿期时一天一个模样了。这时候的宝宝吃奶量逐渐减少，尤其是吃母乳的宝宝，妈妈会感觉到宝宝吃奶的次数在减少，不是一天很多次了，吃奶的量也没有以前多，吃的样子也不像以前那样香甜。因此，妈妈就担心宝宝是不是生病了？宝宝是否在厌奶或者还有什么其他的原因？

其实，第4个月的宝宝，随着胃容量的增大，体内有了一些储存的食物。再者，宝宝的生长速度不像以前那样快了，对食物的需求也有了自己的选择。而且，因为宝宝长大了，开始对周围的事物产生好奇，任何东西都能引起宝宝的关注。主要表现在吃奶的时候，宝宝的小眼睛会不时地看看妈妈，或看看头顶悬吊的气球，有时还会边吃边玩自己的小脚丫，甚至耳边稍有一点儿响动，宝宝就会松开奶头，扭头去寻找，妈妈需要三番五次地将奶头塞进宝宝的口中才行。这样就造成吃吃停停的现象，并不一定表示宝宝不喜欢吃奶了。这个月的宝宝已经懂得摄取固定奶量，而且只要不存在体重不长、活动有问题、发育迟缓或大便不正常等现象，就不用太担心。

双胞胎宝宝的母乳喂养

研究证实，单胎的妈妈每天泌乳800～1 500毫升，双胞胎的妈妈每天能泌乳2 500毫升，可满足两个宝宝的需要。因此，妈妈完全有能力同时哺喂两个宝宝。如早产双胞胎儿吸吮、吞咽能力差，可用吸乳器将母乳吸出，再用滴管或小匙喂食。

哺乳时可采用抱球式哺乳法。新妈妈坐在床上，在腰部左右两侧各放一个枕头或垫被，将两个宝宝分别放在两侧枕头上，让宝宝身体朝向妈

1周
2周
3周
4周
5周
6周
7周
8周
9周
10周
11周
12周
13周
14周
15周
16周
17周
18周
19周
20周
21周
22周
23周
24周
25周
26周
27周
28周
29周
30周
31周
32周
33周
34周
35周
36周
37周
38周
39周
40周
41周
42周
43周
44周
45周
46周
47周
48周
49周
50周
51周
52周

妈。妈妈双手托着宝宝的头、肩部，使宝宝的脸对着乳房，并按正确含接方法，帮助宝宝含住乳头和大部分乳晕。这样，妈妈即可同时给双胞胎宝宝进行哺乳。另外，双胞胎新生宝宝全身器官发育不够成熟，血浆丙种球蛋白低，抗感染能力较弱。因此，在喂养时要特别注意卫生，奶头、奶瓶要保持清洁，奶瓶务必在每次用完后消毒，哺乳妈妈的奶头也要在每次喂奶前擦洗干净。

体能和智能

宝宝开始有6种情绪反应

宝宝到了这个月时，就开始有了欲望、喜悦、厌恶、愤怒、惊骇和烦

闷6种情绪反应。

随着月龄的增加，宝宝的情绪会逐渐复杂起来。其中，表现最突出的就是微笑。微笑既是宝宝身体处于舒适状态的生理反应，也表示宝宝的一种心理需求。

从这个月开始，宝宝对爸爸妈妈情感的需要，甚至超过了饮食。如果宝宝不是饿得厉害，妈妈的乳头已经不再是灵丹妙药了。当宝宝哭闹时，如果爸爸妈妈对宝宝以哼唱歌曲等形式加以爱抚，宝宝或许会破涕为笑。所以，爸爸妈妈应注意从环境、衣被、生活习惯、玩具、轻音乐等方面加以调节，改善宝宝的情绪。

增加户外锻炼的时间

充分利用自然界的空气、阳光和

水，对宝宝进行体格锻炼，不仅可以促进新陈代谢，而且可增加机体对外界环境的适应能力，对体格发育也大有好处。晒太阳可有效预防佝偻病，外界的各种刺激能提高宝宝反应的灵敏性，从而增强抗病能力。所以，从第4个月开始，可以适当增加宝宝户外锻炼的时间，每天可控制在3个小时左右。

夏季出去的时间应在上午8：00～10：00、下午4：00～5：30（可根据每个地区的具体情况而定）。外出时不要让阳光直接照射宝宝的眼睛和皮肤，带宝宝到室外阴凉的地方时应该戴上帽子。春秋季应注意不要让太阳光长时间晒到宝宝的皮肤。在寒冷的季节，即使不刮大风，也应在充分保护好宝宝手脚和耳朵的前提下，选择较暖和的时间进行户外锻炼。

健康与安全

❋ 宝宝感冒的原因和对策

一般来讲，这个月的宝宝较容易患的传染病就是感冒。宝宝感冒大部分是父母以及与宝宝接触的人传染的。由于宝宝的抵抗力差，一般情况下，当爸爸妈妈或其他人出现打喷嚏、鼻子不通气、发热、头痛等症状，感觉到自己可能感冒的时候，其实就已经传染给宝宝了。

宝宝感冒后，吃奶就变得困难，常常流鼻涕、打喷嚏、咳嗽，但并不十分难受。同时食欲也稍有下降。上述症状一般2～3天就好了。

到了第3天，最初流出的水样清鼻涕就变成黄色或绿色的浓鼻涕。感冒开始时吃奶量有些下降的宝宝，3～4天后就恢复正常了。宝宝有时可能在感冒的同时出现腹泻、大便次数增加的症状。即使宝宝有点发热，只要很活泼、不嗜睡、不哭闹、不咳嗽，就不要过于担心。

在宝宝明显表现出感冒症状期间，父母不要给宝宝洗澡，以免再次受凉。

如果宝宝吃奶困难，可减少半勺或一勺奶量，也不要硬喂宝宝，可以喂些果汁。与此同时，要注意给宝宝随时喂水，以补充体内水分的流失。

第15周

日常护理

❋ 训练宝宝定时大便

宝宝刚出生时，大便次数比较多，而且难以掌握规律。等到了3～4个月时，每天的大便次数基本保持在1～2次，而且时间基本固定。所以，从第4个月开始，就可以按照宝宝自己的排便规律，培养宝宝按时大便的习惯了。

训练宝宝养成定时大便的习惯时，要先摸清宝宝每天经常在什么时间排便，到了这个时间父母就要格外注意了。如果发现宝宝有出现脸红、瞪眼和凝视等神态时，就应把宝宝抱到便盆前，并用"嗯、嗯"的发音使宝宝形成条件反射，久而久之宝宝一到时间就会有便意了。

对于小便量大、次数少，喜欢让妈妈把尿的宝宝，可以抱着宝宝把一把。但如果宝宝不喜欢，一把就打挺，或越把越不尿，放下就尿，这样的宝宝不喜欢妈妈干预他尿尿，就不要把。否则不仅会伤害宝宝的自尊心，而且到了该训练的月龄也训练不了了。有的宝宝每天大便1～2次，因此，可以在每天大便的时间把一把。但要注意不要长时间把宝宝大便，因为如果长时间让宝宝肛门控着，会增加脱肛的危险。

喂养要点

❋ 特殊乳房的妈妈怎样哺乳

特殊乳房是指特殊形态的乳房，如悬垂乳、平坦乳、大乳头及乳头内陷的乳房。特殊乳房若发育良好，仍属正常乳房，然而它给哺乳增加了困难，如不注意，会导致少奶、无奶及乳腺炎等。对特殊乳房必须采取特殊的哺乳方法。

悬垂乳房

其形态就像茶壶，整个乳房下

垂，乳头却在上部。由于其悬垂而造成乳腺管弯曲，使部分乳汁积聚于乳房下方，不易于宝宝吸出。同时积聚的奶汁容易淤积成块，诱发乳腺炎。妈妈在哺乳时应将乳房托起，使乳腺管与乳头保持平行，以便于宝宝将整个乳房内的乳汁吸空。

平坦的乳房

常见于扁胸及瘦长的女性。其乳房不够丰满突出，使宝宝较难吮吸，造成喂奶困难。此种乳房在喂奶前需做热敷、按摩等准备工作，还要牵拉乳头，使其突出来。哺乳时要采取上身前倾的哺乳姿势。相信经过一段时间的训练，宝宝就能顺利地吮吸乳汁了。

大乳头乳房

正常乳头的直径为1厘米左右，达1.5厘米左右的便是大乳头，这和遗传因素有关。哺乳前需用双手拇指将乳头轻轻揉搓，哺乳时需用拇指和示指牵拉乳头，使其变细变长，还要设法让宝宝张大嘴，以便将乳头、乳晕一起送入宝宝口中。经过数次训练，宝宝便会慢慢适应，能够吸吮到乳汁了。

乳头内陷的乳房

这类乳房给哺乳带来很大的困难，最好的解决办法就是及早发现，及时矫正。乳头内陷的新妈妈在哺乳前要用两手大拇指压乳晕，再将乳头轻轻地"钳"出来，同时牵拉乳头，使其突出，套上乳嘴，并采取上身前倾的姿势喂奶。这样做1周左右，宝宝便可顺利地吮吸到乳汁。

体能和智能

❋ 逗引游戏

在宝宝情绪愉快时，父母要运用各种方法逗引宝宝发音，与宝宝"交谈"。比如抱起宝宝，与宝宝面对面，用愉快的口气和表情与宝宝说笑、逗乐，使宝宝发出"呃、啊"声或笑声。或用宝宝喜爱的玩具、图片逗引宝宝发音，一旦宝宝兴奋地手舞足蹈时，就会发出"咿、啊"之声。在户外活动，遇到宝宝感兴趣的人和物，宝宝也会高兴地咿呀作语。家庭成员还可以轮流同宝宝逗乐。宝宝在妈妈怀中更爱笑，更爱笑出声音，四肢及全身都愉快地活动。一旦逗引宝

1周
2周
3周
4周
5周
6周
7周
8周
9周
10周
11周
12周
13周
14周
15周
16周
17周
18周
19周
20周
21周
22周
23周
24周
25周
26周
27周
28周
29周
30周
31周
32周
33周
34周
35周
36周
37周
38周
39周
40周
41周
42周
43周
44周
45周
46周
47周
48周
49周
50周
51周
52周

宝主动发音，就要富有感情地称赞宝宝，轻柔地抚摸宝宝，与宝宝你一言我一语地"交谈"。

球类游戏

做滚球游戏时，可以让宝宝趴着，先让宝宝触摸一下有铃铛的球，然后把球放在宝宝的手边滚动。接着，再从稍远的地方将球滚向宝宝，甚至从宝宝身边滚过。这样滚动的球就会引导宝宝移动整个身体追寻球的去向。或者妈妈先抓住宝宝的脚，让宝宝的脚被动踢球。刚开始时，宝宝肯定不会踢，不是用脚从上面蹬踩球，就是用脚踩笨拙地碰球。等宝宝把球碰出去后，妈妈再把球用手挡回来。当宝宝看到自己的脚把球碰出去然后又弹回来的时候，一定会表现出很兴奋的样子。经过这样多次练习，如果妈妈再把球放在宝宝的脚边时，宝宝就会自动踢球了。

健康与安全

药物对接种疫苗的效果有影响

药物对预防接种效果是有影响的，抗生素对预防接种疫苗影响最大。如果是口服疫苗，微生态调节剂对疫苗影响也不小。因此在接种疫苗前后2周，最好不使用任何药物。

接种疫苗后发热怎么办

首先，应看一看发热程度如何。一般体温在38.5℃以下，宝宝无其他明显不适，可以不做特殊处理。因为这种发热属于正常反应，短时间内即可消失。如果体温在38.5℃以上，伴有全身不适，可以酌情给予小剂量退热剂，如扑热息痛、阿司匹林之类，同时要让患儿多喝水。这种预防接种后发热一般持续时间很短，属于反应性发热，不必应用抗生素治疗。如果发热持续不退，或有逐渐增高的趋势，可考虑是否在此期间合并了其他感染，应及时就医治疗。

极个别的宝宝有可能在接种疫苗后出现严重异常反应，如注射部位化脓、过敏性休克、过敏性紫癜等。这些反应是极其罕见的，一旦发生异常反应，应尽快到医院诊治，以免延误时机，加重病情。

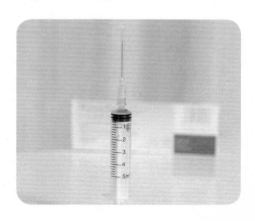

第16周

日常护理

❋ 与宝宝一起睡觉

大部分宝宝都会害怕黑暗，所以会对黑夜产生恐惧。为了消除宝宝的不安感，夜晚父母最好陪宝宝一起睡，这样宝宝能够像白天一样自信，而且还能使彼此关系更加亲密。实验证明，陪宝宝一起睡觉，传递给宝宝的爱和安全感将会伴随宝宝一生。

❋ 与宝宝一起睡觉时的注意事项

在很多现代家庭中，尽管有些

新父母倾向于让宝宝单独睡，但在刚开始的几周到几个月，由于宝宝还小，不适合独睡，大多数妈妈夜间让宝宝睡在自己身边。这种近距离的亲近，不但会给妈妈和宝宝带来美妙的感觉，还可以减轻对宝宝健康状况的焦虑，而且夜间哺乳时的干扰也会小一些。

如果选择和宝宝一起睡的话，首先要看床够不够宽，如果床不够宽敞，请不要和宝宝同睡，因为这样宝宝可能会被挤着。如果床很宽敞，那么一定要给宝宝盖轻薄柔软的毯子和被单，不要给宝宝盖成人的被子，同时要确保父母被子和枕头不压在宝宝的头上。

喂养要点

❋ 宝宝边吃奶边睡觉利少弊多

有些妈妈为了让宝宝睡得快一

1周
2周
3周
4周
5周
6周
7周
8周
9周
10周
11周
12周
13周
14周
15周
16周
17周
18周
19周
20周
21周
22周
23周
24周
25周
26周
27周
28周
29周
30周
31周
32周
33周
34周
35周
36周
37周
38周
39周
40周
41周
42周
43周
44周
45周
46周
47周
48周
49周
50周
51周
52周

点，特别喜欢在宝宝临睡时喂奶，宝宝吃着奶渐渐睡去。其实这是个错误的做法，会对宝宝产生以下不利影响：

容易呛奶

宝宝入睡时，口咽肌肉的协调性差，不能有效保护气管口，会有奶水呛入气管的危险。

容易造成龋齿

奶水长时间在口腔内发酵，会破坏乳齿的结构，造成龋齿。

降低食欲

因为肚子内的奶都是在昏昏沉沉的时候被吃进去的，宝宝清醒时脑子里没有饥饿的感觉，所以会降低食欲。

可见，宝宝睡觉时吃奶利少弊多。建议一般宝宝吃完奶后，妈妈可以给他喂两勺清水，清洁一下口腔，然后再让他入睡，这样有利于保持口腔卫生。

❋ 让宝宝摄入足够的维生素

维生素对于宝宝来说太重要了，

如果宝宝缺乏维生素D，会出现佝偻病；缺乏维生素A，会出现眼睛角膜病变，严重的会导致失明；缺乏维生素C，会出现身体各处出血；缺乏B族维生素，会出现神经、心脏方面的病变。

宝宝对维生素的摄取有两个途径，一是来自母乳；二是为宝宝添加维生素制剂以及富含维生素的食物，像果汁、菜汁等。因此，用母乳喂养宝宝的妈妈们，一定要注意营养，为自己，也为宝宝摄取足够的维生素（坚持母乳喂养的宝宝，此时不需要添加任何辅食）。

为使吃母乳的宝宝能够摄取足够的维生素，首先，妈妈的主食应粗细粮搭配，以增加乳汁中的B族维生素含量。其次，妈妈每天喝一定量的牛奶，无论对下奶或是提高奶的质量都有好处。还有，妈妈应多吃蛋白质、钙、磷和铁含量多的食品，如鸡蛋、瘦肉、鱼和豆制品等；多吃含维生素丰富的各种蔬菜，比如青菜、菠菜和胡萝卜等。汤能使乳汁量多又可以保证营养充足，妈妈应多喝些汤，如鸡汤、鱼汤和排骨汤等。另外，妈妈

要杜绝烟、酒、麻辣烫等辛辣刺激性食物。在营养丰富的前提下，为了保证乳汁的分泌还需要妈妈有规律地生活，睡眠要充足，情绪要饱满，心情要愉快。这样一来，宝宝的饮食就有了可靠的保证。

体能和智能

❋ 训练宝宝坐起来

从第4个月起，父母可以每天和宝宝玩拉坐游戏。但要注意用力适度，不要强行拉拽，防止宝宝关节脱臼。

训练时，先让宝宝仰卧在平整的床上，父母握住宝宝的双手手腕，也可用双手夹住宝宝的腋下，面对着宝宝，边拉坐，边逗笑，边对话，在快乐的气氛中，慢慢将宝宝从仰卧位拉到坐位，然后再慢慢让宝宝躺下去。练习多次后，父母只需稍微用力帮助，宝宝就能借助父母的力量自己用力坐起来。以后，父母逐渐减少帮助的力量，进而只有姿势而不出力，慢慢地宝宝就会自己坐起来了。开始进行拉坐训练时，时间一般控制在每次5分钟左右，以后逐渐延长至每次15～20分钟。

这个训练可以活动宝宝颈部、腹部和腰部的肌肉。宝宝能够坐起来

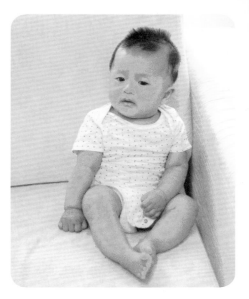

是很重要的，不仅有利于宝宝的脊柱开始形成第二个生理弯曲，即胸椎前突，对保持身体平衡有重要作用，而且还可以接触到许多过去想够又够不到的东西，对感觉、知觉的发育都有重要意义。

❋ 做手部肌肉的训练

在肢体活动中，宝宝最先注意到的是自己的手。从刚出生时的无意识抓握，到后来有意识地拿取，充分反映出宝宝智能、体能的发育过程以及发育的程度。

在训练宝宝手部肌肉运动能力时，父母可将宝宝抱成坐位，面前放一些色彩鲜艳的玩具，边告诉宝宝各种玩具的名称，边引导宝宝自己伸手去抓握。开始训练时，玩具要放置在

1周
2周
3周
4周
5周
6周
7周
8周
9周
10周
11周
12周
13周
14周
15周
16周
17周
18周
19周
20周
21周
22周
23周
24周
25周
26周
27周
28周
29周
30周
31周
32周
33周
34周
35周
36周
37周
38周
39周
40周
41周
42周
43周
44周
45周
46周
47周
48周
49周
50周
51周
52周

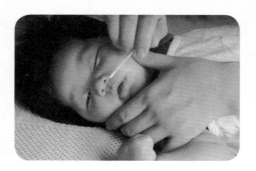

宝宝一伸手就可抓到的地方，如果宝宝能够比较容易地抓到，那以后就可以慢慢地移到稍远的地方。在此基础上还可以在宝宝左手或右手已经拿到一个玩具后，再向宝宝的同一只手递玩具，观察宝宝是将原来到手的玩具扔掉再拿另一个玩具，还是学会了将玩具传到另一只手上。然后试着将宝宝不喜欢的玩具递过去，让宝宝练习推开的动作，还可以将宝宝喜欢的玩具从他手中拿过来再扔到宝宝身边，让宝宝练习拣东西的动作。玩具应按照从小到大循序渐进。这样做可以锻炼宝宝手部肌肉的力量。

健康与安全

❋ 宝宝鼻塞

宝宝在长到4个月左右时，鼻子经常会发生堵塞现象。有时把宝宝鼻子里的鼻垢取出后，鼻子还是不通气，而且症状可能逐渐加重。有时这种现象可持续3～4周，甚至达到了吃奶时费力的程度。

这种情况一般是由于空气干燥引起的，父母不要过于着急。解决的办法是：如果是在冬季，可在暖气前挂上湿毛巾，以减轻空气的干燥程度。天气好的时候，要经常带宝宝去户外散步，接触室外空气后，会使宝宝鼻腔通畅。切忌不要给宝宝用成人的通鼻药。

❋ 宝宝肛裂

肛裂就是肛门(直肠)内或周围有一道小裂缝，这种情况任何时候都有可能发生。当发现宝宝肛裂后，要从增加宝宝的水分摄取开始。如果宝宝没有吃固体食物，就不要给他喝水。如果他在吃固体食物，就给他吃一些会软化粪便的食物。如果宝宝正在吃含有铁质的维生素或婴儿配方奶，就先暂停。做任何改变前应先向医生咨询。

第五章
17～20周宝宝完美养护

1周
2周
3周
4周
5周
6周
7周
8周
9周
10周
11周
12周
13周
14周
15周
16周
17周
18周
19周
20周
21周
22周
23周
24周
25周
26周
27周
28周
29周
30周
31周
32周
33周
34周
35周
36周
37周
38周
39周
40周
41周
42周
43周
44周
45周
46周
47周
48周
49周
50周
51周
52周

17～20周宝宝身体发育对照表

性　别	身　高	体　重	头　围	胸　围
男宝宝	65.5～74.7厘米	6.9～10.7千克	42.4～47.6厘米	40.7～49.1厘米
女宝宝	63.6～73.2厘米	6.4～10.1千克	42.2～46.3厘米	39.7～47.7厘米

第17周

日常护理

给宝宝穿袜子

对于刚刚5个月的宝宝来说，除了要选择合适的服装之外，袜子也是必不可少的。

由于宝宝的皮肤娇嫩，袜子不但可以保持宝宝脚部的清洁，而且还能避免尘土、细菌等对宝宝皮肤的伤害。

妈妈在为宝宝选择袜子时，最好选择那些透气性能好的纯棉袜，因为用化学纤维制成的袜子不仅不吸汗，而且其中所含的化学成分可能会引起宝宝脚部皮肤过敏等情况的发生。另外，选择袜子时应注意尺寸是否合适，尺寸大了，不利于宝宝脚部的活动；尺寸小了，就会影响宝宝脚部的正常发育。

▓ 正确选择衣服

当宝宝长到第5个月时，长高了，也胖了，运动量也明显增多，同时已经学会了打着挺翻身，平常小手也喜欢拽点什么。这时，系带子的宝宝装常被宝宝拽得七扭八歪，所以妈妈该给宝宝换服装了。但这时宝宝的小脖子依然很短，穿衣时也不会配合，穿套头衫还早，所以适合穿连体、肥大的"爬行服"或开襟的扣衫，以方便宝宝活动。衣服的面料最好是纯棉平纹或纯棉针织的。棉织物透气性能好、柔软、吸汗、价廉。丝、毛、麻虽然也是天然织物，但对有些过敏体质，如患湿疹的宝宝是不适宜的。

在夏天，可以给宝宝穿比较方便的背心和短裤。到了秋末或冬季，就要准备夹衣、毛衣和棉衣了。一般应准备2~3件夹衣或毛衣，2~3件棉衣、棉裤。为了

给宝宝穿脱方便，毛衣要选择开襟，袖子也不要太瘦。对于过敏体质的宝宝，毛衣最好用腈纶线编织，虽然保暖性能稍差，但不会引起过敏刺激，而且还有柔软、易洗涤，价格适中的特点。

另外，还要注意宝宝服装的安全性。宝宝长到第5个月时，已经能自己动手往嘴里喂东西，即使抓住衣服上的扣子，也会本能地放进嘴里。因此，给这个月龄的宝宝准备衣服时，最好不要钉扣子，以免被宝宝误食。如果有衣服有钉扣子的必要，除了考虑扣子的位置不至于硌伤宝宝之外，平时还要注意经常检查一下扣子是否牢固。另外，宝宝衣服上的装饰物也

1周
2周
3周
4周
5周
6周
7周
8周
9周
10周
11周
12周
13周
14周
15周
16周
17周
18周
19周
20周
21周
22周
23周
24周
25周
26周
27周
28周
29周
30周
31周
32周
33周
34周
35周
36周
37周
38周
39周
40周
41周
42周
43周
44周
45周
46周
47周
48周
49周
50周
51周
52周

要尽可能得少，装饰性的小球等物一定要去掉。

还有一点要格外引起爸爸妈妈的注意，那就是要经常检查宝宝的内衣裤上有无脱下的线头。在众多的宝宝护理实践中，曾经出现过不是宝宝的小手被内衣的线头缠伤，就是宝宝的小脚丫被勒伤，更有甚者，男宝宝的阴茎有时会被内裤的线头勒破或勒伤，甚至引发感染。

喂养要点

❀ 添加辅食的原则

添加辅食要循序渐进。所谓循序渐进地添加辅食，一是从少到多逐渐增加，如蛋黄开始只吃1/4个，观察1周后，若宝宝无消化不良或拒吃现象，可增至1/2个。二是从稀到稠，也就是食物先从流质开始到半流质，再到固体食物，逐渐增加稠度。比如宝宝4个月以前喝的果汁是经过过滤的，而现在就可以给宝宝吃果泥了。三是从细到粗，如从青菜汁到菜泥，再到碎菜，以逐渐适应宝宝的吞咽和咀嚼能力。四是从一种到多种，为宝宝增加的食物种类不要一下子太多，不能在1～2天内增加2～3种。在添加辅食时要注意，每增加1种或增加量前，要观察几天，看宝宝的适应情况，不要因为不当喂养造成宝宝消化系统疾病。

❀ 宝宝可以接受的辅食有哪些

这个月龄的宝宝，刚开始接受乳制品以外的其他食物，既新鲜，又有一个慢慢适应和习惯的过程。宝宝还未长牙，咀嚼能力差，父母给宝宝添加的辅食，一定要少而烂，既要宝宝爱吃，又要易消化。

现在市场上，专为婴儿生产的如奶糕、各种米粉等谷类食品很多，食用起来十分方便。但不可让宝宝多吃，因为谷类食品缺乏婴儿生长所需

要的优质脂肪、蛋白质以及其他营养物质。应适当给宝宝多吃蔬菜汁或菜泥，因为蔬菜富含多种维生素，是宝宝生长发育不可缺乏的营养素。父母要选用颜色深的蔬菜给宝宝食用，如青菜、菠菜、西红柿和胡萝卜等。

体能和智能

■ 继续训练大小肌肉运动能力

翻身训练

可以在床上、沙发上或在地上铺好毯子进行训练，先让宝宝仰卧在上面，妈妈再拿一个色彩鲜艳的、宝宝从来没有看到过的新玩具逗他，当宝宝想抓玩具时，就将玩具向左侧或右侧移动，这时宝宝要想抓到玩具，不仅头会随着玩具转，而且也会因伸手够玩具而带动上身和下身跟着转。

匍行训练

爸爸妈妈可以用手抵住宝宝的足底，并用色彩鲜艳的玩具逗宝宝。爸爸妈妈放开抵住宝宝足底的手，这时的宝宝如果越往前使劲，由于失去了足底的基点，在手部力量的作用下，身体反而越向后面匍行。

靠坐训练

爸爸妈妈将宝宝放在有扶手的沙发上或椅子上，让宝宝练习靠坐，如果宝宝自己靠坐有困难，爸爸妈妈先用手扶住宝宝，等宝宝坐得比较稳了再把手拿开。这样的靠坐练习，每日可以训练数次，每次10分钟左右。

脚部训练

爸爸妈妈可以让宝宝练习仰卧抬腿的动作，可以在宝宝脚的上方放些玩具让他踢。

■ 教宝宝认识外界事物

在教宝宝认识周围日常事物时，爸爸妈妈应该给宝宝准备一些色彩鲜艳、图幅较大的卡通画报，一边给宝宝看，一边讲画报上的卡通形象，如一只猫、一根香蕉等。经过多次练习，等宝宝对小狗、小猫、香蕉、

1周
2周
3周
4周
5周
6周
7周
8周
9周
10周
11周
12周
13周
14周
15周
16周
17周
18周
19周
20周
21周
22周
23周
24周
25周
26周
27周
28周
29周
30周
31周
32周
33周
34周
35周
36周
37周
38周
39周
40周
41周
42周
43周
44周
45周
46周
47周
48周
49周
50周
51周
52周

灯、花、鸡等名字有了记忆之后，再教宝宝听到物名后用手指出来。

健康与安全

❊ 宝宝一般何时开始长乳牙

第5个月时，有的宝宝开始长乳牙了，但有的宝宝却没有出乳牙的迹象。之所以这样，是因为存在着一定的个体差异，这些差异受种族、性别、遗传等因素的影响，还受气温、营养、疾病等环境因素的影响。正常情况下营养好、身高和体重高的宝宝，比营养差、身高和体重低的宝宝牙齿萌出早，寒冷地区的宝宝比温热地区的宝宝牙齿萌出迟。

宝宝出牙的顺序通常是最先长出下切牙（下门牙），然后长出上切牙，多数宝宝1岁时已长出4上4下共8颗乳牙。接着再长出第1乳磨牙，该牙长出的位置离切牙稍远，为即将长出的乳尖牙（虎牙）留下空隙。略有停顿后4颗尖牙在这空隙脱颖而出，1岁半时长出14～16颗乳牙。最后长出的4颗是第2乳磨牙，其位置紧靠在第1乳磨牙之后。一般在两岁到两岁半时，20颗乳牙全部长出。如果宝宝1周岁后仍迟迟不长1颗乳牙，则应到医院去检查并找出原因，以排除是否受"无牙畸形"或其他全身性疾病的影响。长乳牙标志着宝宝的又一个生长期的到来，是宝宝咀嚼食物的开端，具有非同寻常的意义。

第18周

日常护理

宝宝白天一般睡多长时间

一般来讲，宝宝白天大概会有3～4次长达2个小时的睡眠，也有的宝宝同样是一次睡2个小时，但一天只睡2次。有的宝宝白天要睡5～6次，每次大约只有20分钟。这主要是因为不同宝宝的个体差异。无论宝宝睡眠的次数和每次睡眠时间的长短多么不同，只要是一天睡眠时间的总和能够达到14～16个小时就都属正常。当然，相对来说，宝宝一次睡的时间

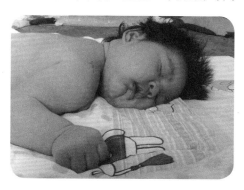

长一些比较好，有利于保证宝宝睡眠充足。

让宝宝安然入睡

由于对父母的依恋，宝宝很可能到了睡觉时间也不愿意和父母分开，或者贪玩的宝宝还没有玩够，还想继续玩。如果长期到了睡觉的时间不能按时睡觉，将会打破宝宝的睡眠规律。因此，要让宝宝知道到了睡觉的时间就不能再玩了，应该安安静静地睡觉。父母和宝宝做好宝宝睡前的功课。

为了鼓励宝宝夜里睡长觉，最好和父母的作息时间相一致。父母每晚都进行同样的程序。喂玩最后一次奶或辅食后，给宝宝暖暖地洗个澡，然后换上睡衣，抱他玩会儿或讲个故事，也可以根据宝宝的习惯哼个摇篮曲，但不要过多嬉闹，然后把宝宝放到小床上。还可以在宝宝身边放一些他所熟悉并使他觉得舒服和安全的绒布玩具之类的东西，再把灯光调得暗

1周
2周
3周
4周
5周
6周
7周
8周
9周
10周
11周
12周
13周
14周
15周
16周
17周
18周
19周
20周
21周
22周
23周
24周
25周
26周
27周
28周
29周
30周
31周
32周
33周
34周
35周
36周
37周
38周
39周
40周
41周
42周
43周
44周
45周
46周
47周
48周
49周
50周
51周
52周

一些，和宝宝说声晚安后，再安静地陪宝宝一两分钟，看宝宝睡着了就可轻轻地走出房间了。

喂养要点

宝宝一日饮食怎样安排

在安排宝宝的饮食时，要逐渐养成良好的规律性，下面的一日饮食安排方案可供参考。

6点：母乳或配方奶200毫升，鱼肝油2滴。

8点：开水或果汁30～60毫升。

10点：营养米粉10～20克，蛋黄1/4个，苹果泥15～30克。

14点：母乳或配方奶120毫升，南瓜泥15～20克。

16点：开水10～20克。

18点：蛋奶羹20克，鱼泥15克，胡萝卜泥5克。

22点：母乳或配方奶200毫升。

2点：母乳或配方奶200毫升。

添加辅食的注意事项

4～5个月大的宝宝，一般每4小时喂奶1次，每天吃4～6餐，其中包括1次辅食。每次喂食的时间应控制在20分钟以内。在两次喂奶的中间要适量添加水分和果汁。这个月辅食的品种可以更加丰富，让宝宝适应各种辅食的味道。

给4～5个月的宝宝喂辅食，一定要耐心、细致，要根据季节和宝宝的身体状态添加。如发现宝宝大便不正常，要暂停增加，待恢复正常后再增加。另外，在炎热的夏季和宝宝身体不好的情况下，不要添加辅食，以免引起宝宝不适。想让宝宝能够顺利地吃辅食，有一个技巧，就是在宝宝吃奶前、饥饿时添加，这样宝宝就比较容易接受。另外，还应特别注意卫生，宝宝的餐具要固定专用，除注意认真洗刷外，还要每日消毒。喂饭时，不要用嘴边吹边喂，更不要先在自己嘴里咀嚼后再喂给宝宝，这种做法极不卫生，很容易把疾病传染给宝宝。喂辅食时，要锻炼宝宝逐步适应使用餐具的能力，为以后独立使用餐具做准备。不要怕宝宝把衣服等弄脏，让宝宝手里拿着小勺，你比画着教宝宝用，慢慢地宝宝就会自己使用小勺了。

体能和智能

❋ 认知能力训练

第5个月的宝宝对周围环境的好奇心已越来越大，而且眼手协调能力也越来越强，这时就可以进行认知能力的训练。宝宝对看得见的东西能准确抓到，尤其对新奇的东西更喜欢，父母就要利用宝宝的这一特性进行寻找玩具的训练。

训练时，父母可将色彩鲜艳且带响的玩具，从宝宝的眼前扔到一边，宝宝听到玩具发出的声音，并看到父母将他喜欢的玩具扔了，就会随声追寻。当宝宝追寻到玩具后，妈妈就要表现出惊喜的样子边说："宝宝真棒！"，边把玩具捡回来还给宝宝。宝宝得到妈妈的表扬后，会更加积极地寻找玩具，准确度也会越来越高。经过多次训练之后，妈妈再把不会发

出声响的绒毛玩具扔到更远的地方，进一步锻炼宝宝的追寻能力。也可以拿一只小铃铛，先在宝宝身体一侧摇响，然后当着宝宝的面把铃铛藏起来，但要露出一部分，让宝宝去找。

❋ 触摸感知训练

第5个月的宝宝不仅头已竖得很稳，而且视野也更加扩大，对周围环境开始表示出浓厚的兴趣。利用宝宝的这个发育特性，父母就可以对宝宝进行感知能力的训练。

在训练前，细心的父母一定要注意观察宝宝平时最爱看什么，对什么东西最感兴趣，从而找出宝宝最喜欢的东西让宝宝触摸。比如木制的玩具、铁制的玩具或绒毛玩具等。在对上述各种玩具练习触摸的基础上，再找出平绒、粗棉布、劳动布等各种材质的织物，缝成一个个垫子，垫在宝宝身下，不仅让宝宝用小手摸来摸去，还要让宝宝的身体在上面蹭来

1周
2周
3周
4周
5周
6周
7周
8周
9周
10周
11周
12周
13周
14周
15周
16周
17周
18周
19周
20周
21周
22周
23周
24周
25周
26周
27周
28周
29周
30周
31周
32周
33周
34周
35周
36周
37周
38周
39周
40周
41周
42周
43周
44周
45周
46周
47周
48周
49周
50周
51周
52周

蹭去，体会和感觉各种布料的不同质感。

健康与安全

宝宝出牙时会痛吗

疼痛和不舒服是出牙过程中不可避免的。疼痛是因为牙床有炎症，而炎症是柔软的牙床纤维对付逼近的牙齿唯一的办法，尤其是长第一颗牙及臼齿时最不舒服。当齿尖愈来愈逼近牙床顶端，发炎的情形愈严重，不断的疼痛使宝宝变得易怒和烦躁。长牙的宝宝在喂奶时，常变得浮躁不定。因为很想把一个东西塞进嘴巴而显得急欲吸奶，而一旦开始吸奶又会因吮吸使牙床疼痛，于是就拒绝进食。

咬嚼可以减轻牙床的疼痛

咬嚼可以减轻牙床的疼痛，尤其是咬嚼冰冷的东西。父母可以把凉一点的香蕉、胡萝卜、苹果，还有消过毒的、凹凸不平的橡皮牙环或橡皮玩具等，让宝宝咬个够。但不管让宝宝咬什么，都必须是在宝宝坐立的情况下，并有父母在旁看护才行，以免发生危险。

当宝宝烦躁不安而啃咬东西时，父母不妨将自己的手指洗干净，帮宝宝按摩一下牙床。刚开始因为摩擦疼痛，宝宝可能会稍加排斥，不过当宝宝发现，这样做疼痛减轻了后，很快就会安静下来，并愿意让父母用手指帮他们按摩牙床。

在宝宝牙齿萌出期间，父母有时还会发现，宝宝牙龈部位出现萌出性血肿（牙齿长出部位充血肿大）。这时，绝不可轻易挑破，若已经发生溃烂，及时请口腔科医生诊治，防止继发感染。

牙齿萌出是正常的生理现象，多数宝宝没有特别的不适，上述的现象，在牙齿萌出后就会好转或消失。

第19周

日常护理

把洗澡变成一件快乐的事

此时，如果把宝宝从婴儿浴盆挪到大浴盆里时，宝宝可能会觉得很不习惯，甚至产生抵触情绪。对于婴儿期的宝宝来说，洗澡的时候也是宝宝个性形成和创造性玩耍的好机会。父母完全可以利用这个机会，采取各种方法促进宝宝的发育。如果宝宝喜欢自由自在地坐在温水里，并对添水、倒水、拍水也感兴趣，就可以用塑料杯、小勺子等物品给宝宝演示什么东西能盛水，什么东西不能盛水以

及怎样倒水和搅和水。也可以拿些能在水上漂浮的玩具，比如皮球、小船或者塑料小鸭子等；再拿些不能漂浮的小汽车、小镜子等玩具让它沉入水底。在洗澡时和宝宝玩游戏，不仅可以大大增进洗澡的乐趣，而且还可以让宝宝在玩耍中学习，了解水的基本特性。

和宝宝一起洗澡

父母和宝宝一块洗澡，不仅使自己得到放松，也可以促进亲子之间的感情。如果爸爸（妈妈）能够充分利用和宝宝洗澡的时间，把宝宝放在你的胸脯上，一半身子露出水面，一半浸泡在水里，一边轻轻地往宝宝身上撩水，一边微笑着和宝宝说话，如给宝宝哼个歌或讲个故事，也可以算作是一次特殊的亲子游戏。当然，爸爸妈妈和宝宝一起洗澡，一定要选择充裕的时间，如果洗得匆匆忙忙，这种独特的放松方式也就没什么意义了。

1周
2周
3周
4周
5周
6周
7周
8周
9周
10周
11周
12周
13周
14周
15周
16周
17周
18周
19周
20周
21周
22周
23周
24周
25周
26周
27周
28周
29周
30周
31周
32周
33周
34周
35周
36周
37周
38周
39周
40周
41周
42周
43周
44周
45周
46周
47周
48周
49周
50周
51周
52周

喂养要点

宝宝需要补铁

这个时期的婴儿会出现缺铁性贫血，应该注意补充铁剂。蛋黄、绿叶蔬菜、动物肝脏中含有较丰富的铁。但宝宝有时不能接受这些食物，要一种一种添加，从少量开始。

这个月可以先加1/4个鸡蛋黄，观察宝宝大便情况。如果没有异常，可以继续加下去，一周后可以添加菜汁。添加菜汁时，有的宝宝可能会腹泻，或排绿色稀便。如果不严重，可以继续加，如果严重就应立即停止。

为宝宝制作果汁、菜汁和米糊

给这个月的宝宝准备添加食品，可以参考以下办法。

菜汁

材料：绿叶蔬菜500克，水适量。

制作：将蔬菜洗净后切成小块。把水烧开，倒入切好的蔬菜，加上锅盖，大火烧开后起锅。此时，不要揭锅盖，放置半小时，滤出菜汁即可。

橘子汁

材料：橘子1个，糖少许。

制作：洗净橘子，取出橘瓣放入碗中，用匙压汁，也可用榨汁器取汁。在取出的橘子汁中加入少许糖，就可喂宝宝了。

西红柿汁

材料：新鲜西红柿1个，糖适量。

制作：将西红柿洗净，用开水烫后去皮，用干净菜刀切碎西红柿，再用匙压汁，用干净纱布过滤留汁。

米糊

材料：市售或自制的大米或小米米粉适量，糖少许。

制作：用冷水将米粉调散、搅拌匀。水的多少依宝宝的具体情况而定。加入糖后，在大火上煮开，要边煮边搅，然后用小火边煮边搅，10分钟左右即可做成。

体能和智能

❀ 视觉感知训练

对宝宝的视觉感知训练随时随地都可进行，在日常生活中，父母要经常把宝宝看到的物体尽量用语言来强调指出，以使宝宝能将听到的、看到的与感觉到、认识到的东西联系起来。

比如宝宝喜欢看灯，父母就可把台灯拧亮又拧灭，逗引宝宝的视线落在台灯上，然后告诉宝宝这叫"灯"。说"灯"字时口型要明显，发音要准确、清晰，使宝宝把声音和发亮的物件联系起来，以后父母再说到灯时，宝宝就会准确地抬头看灯了。

❀ 听觉感知训练

训练时，父母可以先拿一些可以

发出响声的玩具，弄出响声让宝宝注意倾听。等宝宝有了反应之后，父母从宝宝身边走到另一个房间或躲在宝宝卧室的窗帘后面，叫着宝宝的名字让宝宝寻找。如果宝宝找不到，父母可以露出头来吸引宝宝，直到宝宝注意为止。

健康与安全

❀ 宝宝出牙期间的口腔卫生

宝宝出牙期间，口腔内极易感染

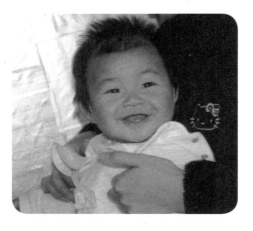

1周
2周
3周
4周
5周
6周
7周
8周
9周
10周
11周
12周
13周
14周
15周
16周
17周
18周
19周
20周
21周
22周
23周
24周
25周
26周
27周
28周
29周
30周
31周
32周
33周
34周
35周
36周
37周
38周
39周
40周
41周
42周
43周
44周
45周
46周
47周
48周
49周
50周
51周
52周

病菌。因此，父母一定要注意宝宝的口腔卫生，使宝宝顺利度过长牙期。

宝宝从开始长第1颗乳牙到乳牙全部出齐，大约需要2年的时间，基本上是隔几个月就长出几颗牙。为保持宝宝在牙齿萌出期间口腔卫生，妈妈应在每次哺乳或喂宝宝食物后，用纱布缠在手指上帮助宝宝擦洗牙龈和刚刚露出的小牙。牙齿萌出后，也可继续用这种方法对萌出的乳牙从唇面（牙齿的外侧）到舌面（牙齿的里面）轻轻擦洗揉搓、对牙龈轻轻按摩。同时，应注意每次进食后都要给宝宝喂点温开水，以起到冲洗口腔的作用。

在宝宝出牙期间，父母随时将宝宝吮咬的奶头、玩具等物品清洗干净，宝宝的小手勤用水清洗、勤剪指甲，以免宝宝啃咬小手引起牙龈发炎。另外，刚萌出的乳牙牙根还没有发育完全，很容易发生龋病。因此，在牙齿开始萌出后也应做好口腔卫生，预防龋齿和其他牙病。

❋ 影响宝宝牙齿发育的因素

牙齿是健康的指标之一，但出牙早晚与智力无关。有些疾病如佝偻病、营养不良、呆小病和先天愚型等疾病，都会导致出牙延缓、牙质欠佳的情况。因此，父母要随时观察宝宝的出牙及牙齿情况。

不仅宝宝的生长发育需要钙质，而且宝宝牙胚的生长发育也需要大量钙质，以及促进钙质吸收的维生素D。宝宝出生后如果没有及时补充鱼肝油和钙剂，又很少晒太阳，就容易得佝偻病，延迟出牙。宝宝缺少维生素C时，会影响牙釉质的生长；宝宝缺氟时，牙齿易被蛀蚀，但氟过多又会使牙釉质上出现棕褐色斑纹，且牙齿质脆易裂。人体氟的摄入主要来源于水，因此，父母要了解本地区水中氟的含量。另外，给宝宝服用四环素，也会使宝宝的牙齿变成棕黄色而且易被蛀蚀，应注意避免给宝宝使用该类抗生素。

第20周

日常护理

给宝宝洗头

宝宝虽然在生下来不久就经常洗澡，但正式给宝宝洗头还刚刚开始。即便宝宝已经喜欢上了洗澡，但他可能不喜欢洗头的时候把水倒在头上或脸上，特别讨厌水流进眼里。为了慢慢让宝宝适应，洗头时，妈妈可以不时地往宝宝头上洒点水，和他逗着玩。等到宝宝慢慢习惯了流水的刺激，渐渐地就会自信起来。随着洗头次数的增加，宝宝就会喜欢水流在脸上的那种痒呼呼的感觉，即便脸上带着水珠甚至眼睛进了水也不在乎。如

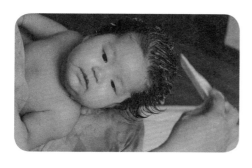

果宝宝喜欢水，父母还可以用水杯或喷头淋湿宝宝的头发，和他逗着玩，这会更让他对洗头乐此不疲。当然，如果宝宝实在不喜欢水流在脸上或是流进眼睛里的感觉，就应给他戴上一个简单的护脸罩，等宝宝慢慢习惯了再摘下来。

帮宝宝学会使用杯子

5个月的宝宝，小手已经能抓握东西了，父母不妨试着让宝宝使用杯子喝水。一是让宝宝掌握一项技能，使宝宝学到除了乳头和奶瓶外，还有另一种吸取水分的途径。二是方便喂养，当妈妈不能喂乳，或是奶瓶不在手边时，也一样有办法喂食宝宝牛奶、果汁等液体。三是宝宝比较容易接受新生事物，当然也就容易接受杯子，如果等宝宝长大了再教他用杯子，宝宝的抗拒心理就大了。因为宝宝那时会感觉到，使用杯子代表他必须放弃已经习惯的奶瓶或乳头。要想使宝宝接受杯子，至少也要花上数周

1周
2周
3周
4周
5周
6周
7周
8周
9周
10周
11周
12周
13周
14周
15周
16周
17周
18周
19周
20周
21周
22周
23周
24周
25周
26周
27周
28周
29周
30周
31周
32周
33周
34周
35周
36周
37周
38周
39周
40周
41周
42周
43周
44周
45周
46周
47周
48周
49周
50周
51周
52周

到数个月的时间才行。帮宝宝学会使用杯子要做到以下几点：

选用安全的杯子，最好是打不破的，而且是比较轻便的，但不要选择塑料杯子、纸杯，因为这类杯子含有化学成分而且消毒可能不达标。

选用宝宝喜爱的杯子。父母先选择几个杯子，然后分别拿给宝宝用。在用的过程中，就可以发现宝宝喜欢哪个杯子了，以后就拿这个杯子让宝宝使用。这样宝宝学习使用杯子的兴趣就大，学得就快。

让宝宝尽量舒服。让宝宝坐在爸爸或者妈妈的腿上，也可以坐在婴儿车或高椅上，要让宝宝既感到舒服，又有安全感。同时准备一个防水的围兜盖住宝宝，也为自己准备好一条防水的围裙，这样就不怕滴上水了。

还要注意选择适合的饮料。宝宝开始使用杯子时，喝的东西最好从水开始，也可喂母乳或婴儿配方奶，或稀释的果汁。有些宝宝接受杯中的果汁，却不喝杯中的牛奶。有些宝宝则完全相反。

喂养要点

❋ 给宝宝吃水果

水果既好吃，且营养价值又高，在宝宝5个月后，父母给宝宝补充点

水果是很必要的，但选择水果也有学问。

水果品种繁多，不仅富含维生素，有丰富的营养价值，而且还有防病、治病的作用，但如果吃水果不当，也会致病。尤其对婴儿来说，消化系统的功能还不够成熟，吃水果尤其要注意，免得好事变成坏事。一般适合宝宝的水果有：苹果、梨、香蕉、橘子和西瓜等。苹果有收敛止泻的作用，梨有清热润肺的作用，香蕉有润肠通便的作用，橘子有开胃的作用，西瓜有解暑止渴的作用。

宝宝身体状况好的时候，父母可以每天选择1～2种水果，做成水果泥喂给宝宝。如果宝宝身体不适时，可以根据宝宝的状况合理选择水果，这样不仅可以补充营养，而且还可以起到治病和帮助恢复的作用。如宝宝大便稀薄时，可用苹果炖成苹果泥喂给宝宝，有涩肠止泻的作用；如宝宝有上火现象时，可用梨熬成梨汁喂给宝宝，有清凉下火作用。

父母给宝宝吃水果时，也要掌

握适量的原则，避免过多吃水果而引起身体不适。喂水果要适可而止、细水长流。比如香蕉，甘甜质软，喂用又方便，宝宝特别喜欢吃，因此，最容易造成宝宝食用过饱，出现腹胀便稀，影响胃肠功能。

不能用水果代替蔬菜

水果是宝宝喜爱吃的食物，而且维生素含量多，其功用是相当大的。但从矿物质含量来说，水果的矿物质含量不如蔬菜多。矿物质包含许多元素，它们对人体各部分的构成和功能具有重要作用。如钙和磷是构成骨骼和牙齿的关键物质；铁是构成血红蛋白、肌红蛋白和细胞色素的主要成分，是负责将氧气输送到人体各部位去的血红蛋白的必要成分；铜有催化血红蛋白合成的功能；碘在甲状腺功能中发挥着必不可少的作用。

因此，有人认为，已经给宝宝喂了水果，就不用再吃蔬菜了，这是不可取的。应该既喂水果，又喂蔬菜，两者不能相互代替。

体能和智能

可供这个月宝宝玩耍的玩具

这个月的宝宝在各方面已经具备了不少技能，已经了解了手的一些用途。尽管不能捡起非常小的东西，但可以做一些较大的动作，而且能主动抓东西、拍东西或摇动不同的物体。为了进一步加强宝宝全身和四肢的活动，促进宝宝各方面的发育成长，父母应该多和宝宝一起游戏、玩耍。宝宝的玩耍需要适合的玩具，对于5个月的宝宝来说，下面几类玩具可供父母选择。

触摸感知训练玩具

如不同材质的绒毛玩偶、丝织品小玩具、铁皮制成的小汽车、积木、橡胶或塑料制成的球等。

视觉感知训练玩具

如色彩鲜艳的脸谱、卡通形象的画册、塑料包边的镜子、塑料图形玩具和各种材质的动物造型等。

听觉感知训练玩具

如风铃、八音盒、彩色小摇铃以及拨浪鼓等可以发出悦耳声音的玩具。

1周
2周
3周
4周
5周
6周
7周
8周
9周
10周
11周
12周
13周
14周
15周
16周
17周
18周
19周
20周
21周
22周
23周
24周
25周
26周
27周
28周
29周
30周
31周
32周
33周
34周
35周
36周
37周
38周
39周
40周
41周
42周
43周
44周
45周
46周
47周
48周
49周
50周
51周
52周

❋ 训练宝宝的记忆力

这个月的宝宝特别喜欢节奏明快的儿歌，虽然他还不懂儿歌的意思，却喜欢儿歌那欢快的节奏和有韵律的声音。

在音乐记忆力训练中，最有效的方法就是让宝宝反复听一首儿歌，如果有条件的话，可用画有相应形象的彩色图片或实物与儿歌相配合。比如给宝宝放"小蝌蚪找妈妈"的音乐，并让宝宝看这些图片，爸爸或妈妈做相应的解说，这样就可以做到声、物、情融为一体，极大地调动宝宝的兴趣和愉快的情绪，使宝宝的记忆力得到最大限度的强化。此外，还应给宝宝听一些模仿动物的叫声或生活中、大自然中的各种声音，以丰富宝宝的音乐范围。

健康与安全

❋ 宝宝为什么会突然哭闹

5个月左右的宝宝如果突然大哭大闹，多半是因为腹痛。引起腹痛的原因除了肠痉挛外，千万不要忘记肠套叠。所谓肠套叠，就是一段肠子套进另一段肠子里，使肠管不通畅，肠管就反复剧烈蠕动，引起腹部阵阵剧痛。

❋ 发生肠套叠时有哪些表现

宝宝发生肠套叠时表现为，突然哭闹不安，两腿蜷缩到肚子上，脸色苍白，不肯吃奶，哄也哄不好，3～4分钟后，突然安静下来，吃奶、玩耍都和平常一样。刚过4～5分钟，又突然哭闹起来。如此不断反复，时间长了，宝宝精神渐差、嗜睡和面色苍白。有的宝宝腹痛发作后不久即呕吐，把刚吃进去的奶全吐出来，呕吐物中可含有胆汁或粪便样液体。

肠套叠的另一个特征是，开始宝宝不发热，但随着时间的推移，引起腹膜炎后就会出现发热。如果发现宝宝有不明原因的哭闹，且呈阵发性，并伴有阵发性面色苍白，就可怀疑有肠套叠，应赶快到医院请医生检查，以免延误诊治。

第六章
21～24周宝宝完美养护

21～24周宝宝身体发育对照表

性　别	身　高	体　重	头　围	胸　围
男宝宝	4.0～73.2厘米	6.6～10.3千克	41.5～46.7厘米	39.7～48.1厘米
女宝宝	62.4～71.6厘米	6.2～9.5千克	40.4～45.6厘米	38.9～46.9厘米

第 21 周

日常护理

护理要点

当长到第6个月时，宝宝的生活就比较有规律，基本上能够做到定时饮食、定时睡眠。在这个时期的日常护理中，父母应把握以下要点：

睡眠仍然是宝宝生活中的重要内容，父母一定要合理安排宝宝一天的生活，使宝宝每天都有充足的睡眠时间，并养成良好的睡眠习惯，保证宝宝有充沛的精力。

进行主被动操以及其他形式的全身运动，进行适当的体格锻炼，还可多带宝宝到户外活动，多晒太阳和多呼吸新鲜空气，以增强宝宝的体质。

从小培养宝宝讲究卫生的良好习惯。

为预防小儿传染病，按期带宝宝进行预防接种。定期带宝宝到儿童保健门诊进行健康检查，以便及时发现生长发育中的异常，及时干预，确保宝宝健康发育成长。

宝宝大小便有什么规律

宝宝到了第6个月，大小便也比以前有规律了。一般来讲，大多数宝宝每天排便1～2次，用母乳喂养的宝宝可能排便次数相对多一些，有的宝宝每天多达4～5次。这个月的宝宝已经基本上坐稳了，完全可以让他们坐盆大小便。当然，由于宝宝的小便间隔时间比较长，掌握宝宝小便的规律之后，父母可以定时给宝宝把尿。

对于那些有便秘的宝宝，排便次数就不那么正常了，有的甚至要两天才能排出大便。一般来讲，这主要是因为宝宝开始吃断乳食品，摄入的含纤维多的食物相对较少的缘故，所以可以适当给宝宝吃一些水果或酸奶。

喂养要点

宝宝的饮食

第6个月的宝宝，一天的主食仍是母乳或其他乳品、乳制品。一昼夜仍需给宝宝喂奶3～4次，如果是喂牛奶的，全天总量不应少于600毫升。晚餐可逐渐以辅食为主，并循序渐进地增加辅食品种。此期间辅食添加品种有：

固体食物

如粥、烂面、小馄饨、烤馒头片、饼干和瓜果片等，以促进牙齿的生长并锻炼咀嚼吞咽能力。还可让宝宝自己拿着吃，以锻炼手的技能。

杂粮

可让宝宝吃一些玉米面、小米等杂粮做的粥。杂粮的某些营养素高，有益于宝宝的健康生长。

动物性食物的量和品种

可以给宝宝吃整个鸡蛋了，还可添加肉松、肉末等。

为使宝宝的营养均衡，每天的饮食要有五大类，即母乳、牛奶或配方奶等乳类；粮食类；肉、蛋、豆制品类；蔬菜、水果类及油类。

宝宝只有每天都能吃到五类食物的混合制品，才能获得均衡合理的营养，身体才能发育得更好。以下是宝宝一天的饮食安排，可供父母们参考。

6：00～6：30 母乳、牛奶或配方奶250毫升，饼干3～4块。

9：00～9：30 蒸鸡蛋1个。

12：00～12：30 粥1碗（约20克）加碎菜、鱼末、豆腐

15：00 苹果或香蕉1/2～1个（刮

1周
2周
3周
4周
5周
6周
7周
8周
9周
10周
11周
12周
13周
14周
15周
16周
17周
18周
19周
20周
21周
22周
23周
24周
25周
26周
27周
28周
29周
30周
31周
32周
33周
34周
35周
36周
37周
38周
39周
40周
41周
42周
43周
44周
45周
46周
47周
48周
49周
50周
51周
52周

泥）。

15：30～16：00　母乳、牛奶或配方奶200毫升，面包1小块。

18：00～18：30　烂面条1碗（约40克），加肉末和碎菜。

20：00～21：00　母乳、牛奶或配方奶220毫升。

体能和智能

大小肌肉的运动能力训练

宝宝大小肌肉的运动能力训练主要有以下几种：

手部肌肉能力训练

训练时，所选择物体要逐渐从大到小，距离要逐渐从近到远。让宝宝努力够取小的物体，最好从满手抓逐步过渡到用拇指和示指捏取，以锻炼手指灵活性和手指肌肉的力量。

翻身与独坐训练

训练时父母可将具有吸引力的玩具放在宝宝一侧伸手够不着的地方，宝宝为了够取玩具，如果伸手使劲也够不着时，必然会全身使劲，这样就自然而然地翻身成为俯卧姿势。同时，还要训练宝宝自己独坐的能力。开始时，爸爸妈妈可以给予宝宝一定的支撑，或用手，或用被褥，然后逐渐撤去左右支撑让宝宝靠着坐，等宝宝自己能够坐稳后，再逐渐撤离靠背。

爬行训练

爸爸妈妈不要总是把手放在宝宝的脚底，可以改成用手或毛巾提起宝宝腹部，使宝宝的身体重量落在手部和膝部上，以便训练宝宝向前爬行。

跳跃训练

进行跳跃训练时，爸爸妈妈扶着宝宝的腋下两侧，让宝宝站立在床上或桌上，待宝宝的双脚一接触到床或桌面时，就把宝宝提起来，并给宝宝喊口令，让宝宝随着口令跳跃。

咀嚼和吞咽能力的训练

由于这时的宝宝还不会咀嚼和吞咽食物，所以用小勺给宝宝喂半固体食物时，几乎所有的宝宝都会用舌头将食物顶出或吐出来，甚至在吞咽时有哽噎现象。要经过一段时间的训练，宝宝才会逐步克服上面所说的现象，形成与吞咽协同动作有关的条件反射。

健康与安全

预防夏季热病

夏季热病多发生在4～8个月的宝宝身上，其中6～7个月的宝宝得此病比较多。宝宝满一周岁后，就几乎不得了。

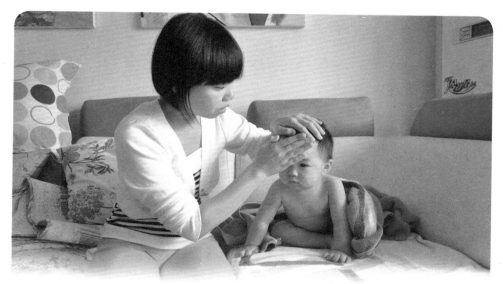

夏季热病的症状是，宝宝从半夜开始发热，天亮时热到38～39℃，有时甚至热到40℃。一般中午开始退热，下午可恢复常温。如果不给宝宝改变生活环境，这样的状况甚至会持续1个月，但一进入9月份，宝宝就全好了。

引起夏季热病的原因至今不明，大概是由于宝宝体内调节体温的某些功能失调引起的。住在通风不好、阴面房间里的宝宝发病率相对高一些。

❈ 应对麻疹

第6个月宝宝的麻疹几乎都是被其他患儿传染而来的。麻疹从感染到发病一般有10～11天的潜伏期。免疫力稍强的宝宝，潜伏期可能还会延长，有的到第20天才开始出疹。一般在疹子出来之前，宝宝会有打喷嚏、咳嗽或出现眼屎等症状。

宝宝出的疹子与大孩子们出疹子有所不同，如果不仔细观察，一时还发现不了。宝宝的疹子如果是淡红的，且数量很少时，父母就要每天注意仔细观察。一般发热要持续1天半，疹子也出得多一些，但不超过2天就会消失。不会像大孩子那样出麻疹后留下茶褐色的斑痕，也不会咳嗽，更不会留下肺炎等后遗症。

总的来说，6个月之内宝宝出的麻疹，比起一般人的麻疹症状要轻得多。而且在6个月之内得过麻疹的婴儿，因体内已具有对麻疹的免疫力，一生都不会再感染上麻疹。

宝宝患上麻疹时，除了适当地控制宝宝洗澡和外出外，不需要其他的特殊护理，但应注意不要传染给其他宝宝。

第22周

1周
2周
3周
4周
5周
6周
7周
8周
9周
10周
11周
12周
13周
14周
15周
16周
17周
18周
19周
20周
21周
22周
23周
24周
25周
26周
27周
28周
29周
30周
31周
32周
33周
34周
35周
36周
37周
38周
39周
40周
41周
42周
43周
44周
45周
46周
47周
48周
49周
50周
51周
52周

日常护理

选择宽松的衣服

由于这个月龄的宝宝生长发育比较迅速，不仅活动量比以前有了明显增大，而且活动范围和幅度都比以前大大增强。所以妈妈在为宝宝准备衣服时，一定要以宽松为主，如果整体设计太紧，将会影响宝宝正常发育；

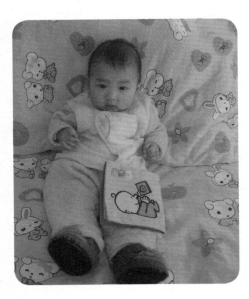

如果领口或袖口过紧，也会妨碍宝宝的活动和呼吸。同时，衣服的袖子或裤腿也不能过长，否则也会妨碍宝宝的手脚活动。这个月的宝宝由于喂食、流口水等原因，常常弄湿、弄脏衣服，这就需要经常换洗，所以妈妈要多为宝宝准备几套衣服。此外，如果宝宝口水太多，要给宝宝戴个吸水性较强的围嘴，既方便又好洗。

宝宝能穿鞋吗

从理论上讲，这个月的宝宝还不会走路，光脚是最好的。但由于此时的宝宝活动能力逐步加强，特别是脚部的活动，如蹬腿、踢腿等动作比以前明显增多。为了避免宝宝脚部皮肤的摩擦，保护娇嫩的脚趾甲，给宝宝准备一双合适的鞋还是很有必要的。

所谓合适的鞋，首先应从宝宝不会走路的特点出发，选择那些用可透气的真皮或布等材质制成的鞋。鞋要轻便，鞋底要柔软富有弹性，最好是用手隔着鞋底都摸得到宝宝的脚趾。

那些用塑胶材料制成的，或者有坚硬外壳的皮鞋都是不适合的。其次宝宝的鞋也要适当宽松一些。买鞋时父母可以用拇指压压，鞋的长度要以宝宝最长的脚趾和鞋尖保留拇指的宽度为宜。鞋的宽度应以脚部最宽的部分能够稍加挤压为宜，如果尚能挤压，宽度就足够了。为了给宝宝的小脚丫留下发育的空间，千万不要给宝宝穿太小、太紧的鞋子。此外，由于宝宝的小脚丫长得很快，一双鞋不等穿坏很快就不能穿了，所以不要买太贵的。

喂养要点

宝宝半夜索食的应对策略

统计发现，有1/3的宝宝在半夜会醒来索食，这种情况往往是由父母造成的。原因是白天喂得越勤，宝宝在夜间照旧越想吃。这种现象在母乳喂养的宝宝身上最普遍。由于宝宝一哭就喂，这样宝宝就被训练成"吃零食者"，喂量少，但次数增多。

父母在宝宝很小的时候就要注意预防宝宝夜间索食。如果已经养成这一毛病，首先就要拉长宝宝白天两次喂食的时间，一般每隔4小时喂1次。

宝宝到6个月时，可喂3次，中间可加1～2次少量的"零食"。

若夜间宝宝饿醒，不能入睡时，可以喂奶，但不要喂饱。另外，在晚上临睡前喂奶时，不要让他躺在床上吃，这样可以养成不吮奶嘴正常入睡的好习惯。

辅食的制作要点

辅食关系着宝宝的营养和健康，在为宝宝准备辅食时，需掌握以下要点：

清洁

准备辅食所用的案板、锅铲、碗勺等用具应当清洗干净，用沸水或消毒柜消毒后再用。最好能为宝宝单独准备一套烹饪用具，以避免交叉感染。

选择优质的原料

制作辅食的原料最好是没有化学物污染的绿色食品，食物要尽可能新鲜，并仔细选择和清洗。

单独制作

宝宝的辅食一般都要求细烂、清淡，所以不要将宝宝辅食与成人食品

1周
2周
3周
4周
5周
6周
7周
8周
9周
10周
11周
12周
13周
14周
15周
16周
17周
18周
19周
20周
21周
22周
23周
24周
25周
26周
27周
28周
29周
30周
31周
32周
33周
34周
35周
36周
37周
38周
39周
40周
41周
42周
43周
44周
45周
46周
47周
48周
49周
50周
51周
52周

混在一起制作。

用合适的烹饪方法

制作宝宝辅食时，应避免长时间烧煮、油炸、烧烤，以减少营养素的流失。应根据宝宝的咀嚼和吞咽能力及时调整食物的质地，也要根据宝宝的需要来调味，不能以成人的喜好来决定。

现做现吃

隔顿食物的味道和营养都大打折扣，且容易被细菌污染，因此不要让宝宝吃上顿剩下的食物。为了方便，在准备生的原料（如肉糜、碎菜等）时，可以一次多准备些，然后根据宝宝每次的食量，用保鲜膜分开包装后放入冰箱保存。注意这样保存食品的时间也不宜超过3天。

体能和智能

■ 不要冷落宝宝

6个月左右的宝宝已经有了比较复杂的情绪，高兴时眉开眼笑，甚至手舞足蹈；不高兴时大发脾气，甚至大哭小闹。所以，父母千万不要认为这时的宝宝什么也不懂而冷落了宝宝。

第6个月的宝宝虽然不会说话，但已初步能够听懂父母的话。经常和宝宝说话，不但不会使宝宝感到寂

寞，而且可以为宝宝正式开口说话打下很好的基础，促进宝宝的早期智力开发。

这个月的宝宝害怕陌生的环境和陌生的人。一旦父母等亲人突然离开时，他就会产生惧怕、悲伤等情绪。所以，在陌生人刚来时，父母不要突然离开你的宝宝，更不能怕宝宝不老实而用恐怖的表情或语言来吓唬宝宝。特别应注意的是，父母千万不要把工作中产生的不满或怨气发泄在宝宝身上。

■ 教宝宝认识自己

培养和训练宝宝的认知能力，不仅要让宝宝认识身边的事物，还要让他认识自己。

用照片教宝宝认识自己。虽说宝宝刚刚6个月，但肯定照了不少照片。这时，这些照片就成了教宝宝认识自己的好教材。父母可以对着照片教宝宝认识他的整体形象，也可以教宝宝分别认识他的手、脚或其他部位。

用穿衣镜教宝宝认识自己。通常妈妈可以将宝宝抱到穿衣镜前，用手指着宝宝的脸，并反复地叫宝宝的名字，或者指着宝宝的五官以及头发、手、脚等部位让宝宝认识。宝宝通过镜子看到妈妈所指的部位，听到妈妈的声音，慢慢就会懂得头发、手、脚、眼睛、耳朵、鼻子和嘴等词汇的含义。再过几个月，就可以进一步和宝宝玩"妈妈说什么，宝宝自己指什么"的游戏了。如妈妈说"嘴"时，宝宝就会很快把手指指向自己的嘴巴。

健康与安全

警惕中耳炎与耳垢湿软

如果发现宝宝的耳垢不是很干爽，呈米黄色并粘在耳朵上，妈妈就会担心宝宝是否患了中耳炎。其实，还有一种情况叫做耳垢湿软，和中耳炎是有区别的。

患中耳炎时，宝宝的耳道外口处会因流出的分泌物而湿润，但两侧耳朵同时流出分泌物的情况很少见。并且，流出分泌物之前宝宝会有一点发热，且出现夜里痛得不能入睡等现象。

天生的耳垢湿软一般不会发生在一侧的。耳垢湿软大概是因为耳孔内的脂肪腺分泌异常，不是病。一般来说，肌肤白嫩的宝宝比较多见。宝宝的耳垢特别软时，有时会自己流出来，妈妈可用脱脂棉小心地擦干耳道口处。但千万不可用带尖的东西去掏宝宝的耳朵，以免碰伤耳朵引起外耳炎。一般有耳垢湿软的宝宝长大以后也仍然如此，只是分泌的量会有所减少而已。

预防传染性疾病

6个月以后，宝宝从妈妈那里带来的抗感染物质，因分解代谢逐渐下降以至全部消失，再加上此时宝宝自身的免疫系统还没发育成熟，免疫力较低，因此就开始变得比以前爱生病了。

宝宝最容易患各种传染病以及呼吸系统和消化系统的其他感染性疾病，尤其常见的是感冒、发热或腹泻等。所以，预防传染病和各种感染性疾病，就成了此时父母在宝宝日常护理中的主要内容之一。

1周
2周
3周
4周
5周
6周
7周
8周
9周
10周
11周
12周
13周
14周
15周
16周
17周
18周
19周
20周
21周
22周
23周
24周
25周
26周
27周
28周
29周
30周
31周
32周
33周
34周
35周
36周
37周
38周
39周
40周
41周
42周
43周
44周
45周
46周
47周
48周
49周
50周
51周
52周

第23周

日常护理

宝宝的睡眠规律

第6个月的宝宝，白天一般睡2～3次，上午睡1次，下午睡1～2次。由于宝宝的个体差异，同上个月相比，一般上午睡1～2小时，下午睡2～3小时。宝宝在这个月总体上的规律是，白天的睡眠时间及次数会逐渐减少，即使白天睡觉较多的宝宝，白天的睡眠时间也会减1～2个小时。由于这个月的宝宝运动能力增强，即使白天睡觉，晚上也照样能睡得很好，因此父母不用为宝宝白天的睡觉问题

而担心。

由于宝宝白天活动增多容易疲劳，因此夜里睡得很沉。原来夜里要醒2次的宝宝，现在变为1次。而原来只醒1次的宝宝现在可以一觉睡到天亮。多数宝宝由于晚餐完全由辅食替代，睡前再喂一次奶后，夜间可以不吃奶，常能睡10小时左右。大多数一觉可以睡到天亮，中间会小便1次，但也有部分宝宝夜间会醒来小便2～3次。在这些起夜的宝宝中，有的只要换好尿布就能接着入睡，但也有一部分宝宝，换好尿布后还要吃一次奶才能再次入睡。为使宝宝和妈妈都能得到充足的睡眠和休息，对这些每晚还要吃奶的宝宝，妈妈应该在入睡前除了喂辅食外，还应再喂点奶。只有睡前让宝宝吃饱，才能渐渐养成宝宝夜间不吃奶的习惯。

宝宝夜间醒来哭闹的原因

原因一：这个月的宝宝对周围事

物的兴趣越来越浓，遇到可使宝宝受惊的机会也相应增多，宝宝夜里睡觉时难免会梦见白天受惊时的情景，这样一来就会突然大叫或哭闹起来。

原因二：常发生在爱安静的宝宝身上。对于爱动的宝宝，白天睡眠时间比较短，夜间自然睡得较沉；但对于不爱动的宝宝来说，由于白天运动过少而睡觉较多，而且晚上睡得也早，这样的宝宝夜间肯定睡不安稳。如果宝宝每晚哭闹频繁，就需要检查一下宝宝白天是怎样度过的。如果属于上述情况，就应该逐步改变宝宝的睡眠规律。

原因三：白天周围的环境过于嘈杂，或者长时间外出时，宝宝常在夜间醒来哭闹。同时，每天晚上睡觉以前，宝宝尤其容易兴奋，父母不要与宝宝做比较激烈的游戏。

原因四：可能是由于接种疫苗引起的。有的宝宝在预防接种时因打针受到了惊吓，不仅白天哭闹得特别厉害，而且夜间也会常常突然大哭起来。如果出现这种情况，多半是因为夜里又梦见自己在打针。这时，就需要父母平时多给宝宝一些爱抚，多做一些快乐的游戏，特别是宝宝接种完疫苗后，更应多多地爱抚，将宝宝的情绪调整好。

喂养要点

▓ 辅食添加的种类

这个月的宝宝，消化酶分泌逐渐完善，已经能够消化乳类以外的一些食物了。为补充宝宝乳类营养成分的不足，满足其生长发育的需要，并锻炼宝宝的咀嚼功能，为日后的断奶做准备，6个月的宝宝可以添加以下辅食了。其辅食种类有：

半流质淀粉食物

如米糊或蛋奶羹等，可以促进宝宝消化酶的分泌，锻炼宝宝的咀嚼和吞咽能力。

蛋黄

蛋黄含铁量高，可以补充铁剂，预防宝宝发生缺铁性贫血。开始时先喂1/4个为宜，可用米汤或牛奶调成糊状，用小勺喂食1～2周后增加到半个。

水果泥

可将苹果、桃、草莓或香蕉等水

1周
2周
3周
4周
5周
6周
7周
8周
9周
10周
11周
12周
13周
14周
15周
16周
17周
18周
19周
20周
21周
22周
23周
24周
25周
26周
27周
28周
29周
30周
31周
32周
33周
34周
35周
36周
37周
38周
39周
40周
41周
42周
43周
44周
45周
46周
47周
48周
49周
50周
51周
52周

果，用匙刮成泥（市场上也有婴幼儿吃的水果泥）喂宝宝，先喂一小勺，逐渐增加量。

蔬菜泥

可将土豆、南瓜或胡萝卜等蔬菜，经蒸煮熟透后刮泥给宝宝喂服，逐渐由一小勺增至一大勺。

另外，还可增加鱼类，如平鱼和黄鱼等。此类鱼肉多、刺少，便于加工成肉末。鱼肉含磷脂、蛋白质很高，并且细嫩易消化，适合宝宝发育的营养需要。但一定要选购新鲜的鱼。

给6个月的宝宝喂食时，父母一定要耐心、细致，要根据宝宝的具体情况加以调剂和喂养。除了要按照由少到多、由稀到稠、由细到粗、由软到硬、由淡到浓的原则外，还要根据季节和宝宝的身体状态进行添加。

体能和智能

❋ 增强感官刺激

第6个月宝宝的感官正处于逐步发育成熟的阶段，所以父母在训练宝宝的智力时，还要进一步通过游戏等方式增强宝宝的感官刺激。

在增强宝宝的感官刺激中，听觉的感官刺激是最基本的，并且可以在日常生活中随时、随机进行。比如，当父母打开电视机、开动吸尘器、往浴缸中放水、热水壶响了、门铃或电话响了时，当飞机从窗外的天空飞过、鸽子的哨音或消防车在窗外的街上疾驶经过时，都可以用亲切而清晰的声音告诉宝宝这是什么东西发出的声音，并同时将相应的物体指给宝宝看。这样做不仅会让宝宝对声音的反应更加敏锐，而且有助于宝宝认识和记忆更多的词汇。同时，父母在重复告诉宝宝哪些东西的名称时，口形的变化还会刺激宝宝的模仿力，进而激发宝宝的发音和语言能力。

❋ 撕纸游戏

游戏时，先选择一些色彩鲜艳而且干净、质地柔软的纸，然后让宝宝撕。开始时可以任意让宝宝撕，什么形状都无所谓，目的主要是锻炼宝宝手部肌肉的力量和手部的灵活性。玩几次以后，妈妈可以把纸撕成三角形、圆形、方形，摆放在宝宝面前给他看，并告诉宝宝是什么图形。尽管宝宝此时还不能区分这些形状，但这个游戏既可以作为一种视觉的体验，

又可以增强宝宝对简单图形的记忆储存。

健康与安全

❈ 哪些宝宝应当补铁

引起贫血的原因主要是由于宝宝日渐长大，母体里带来的铁及母乳中铁的不足而引起的，还有宝宝出生后有缺陷或后天护理不当而引起的贫血。

有些宝宝生下来即是贫血，一般有3个原因：一是因血细胞本身有问题而贫血；二是有遗传性疾病而贫血；三是妈妈本身在怀孕时体内铁的储存不够，也会使宝宝生下来即缺铁，加之日后新陈代谢异常，进而影响铁的吸收而贫血。

另外，早产儿常会有铁不足的现象，因为他们没有充分的时间储存

铁就提前出生，属于先天不足而导致贫血。

对于上述原因引起贫血的宝宝，在今后日常护理中更要注意补铁。父母要随时注意观察宝宝的身体状况，必要时要给宝宝做血红蛋白的检测，因为患有轻微贫血的宝宝在外表是看不出来的。如果宝宝血红蛋白过低，就表示患有贫血，就应当及时补充铁质，吃含铁量高的食物。比如加铁的婴儿配方奶粉、含铁的米片或含铁的维生素滴剂等。同时，还要补充富含维生素C的食物，比如西红柿汁、菜泥等，以增进铁的吸收。此外，当宝宝开始吃固体食物后，也要多喂食含大量铁的食物，如鸡蛋黄、米粥、菜粥等，注意避免喂食糖，因食糖会阻碍人体对铁的吸收。

1周
2周
3周
4周
5周
6周
7周
8周
9周
10周
11周
12周
13周
14周
15周
16周
17周
18周
19周
20周
21周
22周
23周
24周
25周
26周
27周
28周
29周
30周
31周
32周
33周
34周
35周
36周
37周
38周
39周
40周
41周
42周
43周
44周
45周
46周
47周
48周
49周
50周
51周
52周

第24周

日常护理

❋ 宝宝醒太早怎么办

如果宝宝每天总在早晨五六点钟就突然醒来，最好的办法就是不加理睬，在宝宝清晨发出第一声啼哭时不妨让他稍微等待一下。如果不是大声尖叫，就可以慢慢地加长等待的时间，或许宝宝能翻个身再睡或乖乖地自我娱乐一番。如果以上办法不见效，可以试试下面的方法：

隔绝噪声，避免晨光直射进来，因为有的宝宝对光线特别敏感，所以天一亮就会醒来。将早餐时间尽量延迟，或者控制白天睡觉时间、晚上晚点睡。时间一长宝宝早起的毛病就可以克服。

❋ 给宝宝洗澡的注意事项

宝宝到了7个月时，就可以像大宝宝那样洗澡了。但是，爸爸妈妈在为宝宝洗澡时，应该注意以下几点。

不要让宝宝在困倦、饥饿或是刚刚吃饱的时候洗澡。

要在温暖的房间里给宝宝洗澡。

洗澡时妈妈面带笑容，用平缓的语调和宝宝说话。

要用轻松有趣的方式激发宝宝对水的兴趣。

不要让洗发水等流进宝宝的眼睛里。

准备一块大毛巾，等洗完后马上把宝宝包起来。要尽快把宝宝擦干，穿上事先准备好的衣服，以免着凉。

在喂宝宝的时候，宝宝会用舌头将喂进嘴里的东西吐出来，反复喂都喂不进去，这时，就不要再硬性给宝宝喂食了。这就说明，宝宝现在开始断奶还为时过早。

若是宝宝看见其他人吃东西就跃跃欲试，或伸手去抓盛着米粥的勺子，表现出很想要的样子时，那么就可以慢慢地开始给宝宝断奶了，而且过程会比较顺利。

总之，能否成功断奶，并不在于宝宝已经长到5个月或6个月，体重已达到6千克或是7千克，而是取决于宝宝自身是否有想吃辅食的愿望。如果无视宝宝的主动性，父母的辅食做得再好，也不会成功地实现让宝宝断奶的目的。

喂养要点

🟤 宝宝能否断奶

给宝宝断奶到底应该从什么时候开始，对此并无硬件性规定，正确的做法是根据宝宝的具体情况来定。有的宝宝虽然已经到了断奶的时期，但不喜欢吃牛奶以外的其他食品。父母

🟤 断奶过程中的注意事项

在辅食中，有些食品是宝宝喜爱吃的，比如土豆泥、南瓜泥、蔬菜

1周
2周
3周
4周
5周
6周
7周
8周
9周
10周
11周
12周
13周
14周
15周
16周
17周
18周
19周
20周
21周
22周
23周
24周
25周
26周
27周
28周
29周
30周
31周
32周
33周
34周
35周
36周
37周
38周
39周
40周
41周
42周
43周
44周
45周
46周
47周
48周
49周
50周
51周
52周

粥、鸡蛋羹和肉松粥等。由于宝宝爱吃，妈妈有时不由得就给宝宝喂得多了，如果宝宝吃过后没有什么异常，就说明有充分的消化能力。但宝宝有时会出现大便增多，而且粪便的颜色、形状、气味都与以前不一样的情况。这可能就是因为宝宝的食物结构发生了变化或吃得多引起的，不会有什么危险。父母不要一看到宝宝的大便有变化就感到不安，而要看宝宝整体的身体情况。如果宝宝还和原来一样，气色好，爱喝奶，又爱笑，不发热，就没有必要担心。遇到这种情况时，父母不要立即给宝宝停止吃乳制品，因为6个月的宝宝仍然是以乳制品为主食，不能因为宝宝大便次数增加，就停止乳类食物，减少喝奶量。

辅食添加后，有些父母认为，自己的宝宝大便不好，是由于"胃肠弱"，因此就减少了宝宝的奶量，造成宝宝的体重从开始添加辅食后就减轻。追根寻源，这不是辅食的问题，而是因宝宝的大便发生变化后，

妈妈给宝宝减少奶量，宝宝经常处于饥饿状态，所以变瘦了。遇到这种情况时，父母应在医生的指导下，继续给宝宝停掉母乳，否则，给宝宝又是喂药又是停食，反而会使宝宝大便更稀。父母最了解宝宝平时的健康状况，如果宝宝和平时一样气色好，不发热，想吃东西，就不用担心有病。只要在烹制食物过程中注意卫生，严格消毒，宝宝就不会发生消化不良。有些胡萝卜、菠菜等蔬菜喂给宝宝后，因宝宝还不能完全消化，有时可能会以原来的形状或颜色随着大便一起排出来。这是正常的，每个宝宝都会如此，并不是胃肠疾病引起的。

体能和智能

培养宝宝的爱心

父母从小就要培养宝宝的爱心，这对宝宝长大以后形成社会亲和性具有重要意义。用游戏和玩具培养宝

的爱心可参考以下方法。

父母可以给宝宝买一些柔软的绒毛玩具，比如小熊、小狗和娃娃等，鼓励宝宝温柔地对待他的玩具，和他的玩具一起做游戏。也可以教宝宝怎样抱绒毛玩具，并示范给宝宝看。这时的宝宝已经有了很强的模仿力，父母的教导会让宝宝学会彬彬有礼和善意待人。经过这样的游戏，宝宝很快就会"照顾"他的玩具。这里需要注意的是，给宝宝抱着的玩具一定要符合卫生标准，并要经常洗涤，以免玩具里的细菌或病毒感染宝宝。

由于宝宝在第6个月以前就学会了追视，这时可以给宝宝准备一个镜子。当宝宝看到镜子中的自己时，常把镜子里的自己当成另一个"小伙伴"。宝宝笑，小伙伴也笑，看到镜子里小伙伴愉快的笑容，宝宝就会做出亲昵友好的反应。这样做不仅对宝宝的视觉体验很有好处，而且还会使宝宝对他人、对周围的环境产生信任感和安全感。

■ 提高宝宝人际交往能力的最佳时机

半岁后的宝宝还没有形成心理学上所谓的"害羞情结"，所以大多数宝宝的性格都很外向。这个月龄的宝宝喜欢接近熟悉的人，并能分出家里人和陌生人，但对父母之外的其他人，也会以微笑或张开胳膊等各种不

1周
2周
3周
4周
5周
6周
7周
8周
9周
10周
11周
12周
13周
14周
15周
16周
17周
18周
19周
20周
21周
22周
23周
24周
25周
26周
27周
28周
29周
30周
31周
32周
33周
34周
35周
36周
37周
38周
39周
40周
41周
42周
43周
44周
45周
46周
47周
48周
49周
50周
51周
52周

同的方式表示友好。所以，父母要抓住这个大好时机，经常抱宝宝到邻居家串门或到街上去散步，让宝宝多接触各类人物，尤其是让宝宝多和其他小朋友玩，这样不仅可以为宝宝提供与他人交往的环境，也能够利用与他人交往的时机教宝宝一些社交礼仪，如挥手道别、道谢等。

但是，也有一些宝宝怕生，见到生人时就会将脸扑入妈妈怀中，表现出害怕的情绪甚至哭闹。这部分宝宝也害怕去陌生的地方，害怕接触陌生的事物，所以父母要利用工作的闲暇时间，多带宝宝到外面去逐渐熟悉新的环境和事物，逐步消除宝宝的恐惧心理。

健康与安全

❋ 预防宝宝食物过敏

预防宝宝食物过敏，应注意以下事项。

宝宝出生后，最好母乳喂养。母乳中含有多种对预防过敏作用的免疫球蛋白及多种抗体。而且母乳喂养的宝宝饮食单纯，基本不吃杂食，这对预防食物过敏也有好处。授乳的妈妈，除注意营养外，最好也不要吃致敏食物。用牛奶喂养的宝宝，如出现过敏，应立即停用，改以羊奶、豆浆、代乳粉等喂养。

对未满周岁的宝宝，不宜喂鱼、虾、螃蟹、海味、蘑菇、葱、蒜等容易引起过敏的食品。在增加新食物时，一定要一样一样地分开增加。在每添加一种新食物时，要注意观察有无出现过敏性反应，如皮疹、瘙痒、呕吐、腹泻等。一旦出现过敏反应，应停止此种食物一段时间，然后再试用。切忌多种食物同时增加，导致分辨不清过敏原。

在喂食以后，应立即将宝宝口角周围的残余食物汁液擦拭干净，以免食物残汁引起皮肤接触过敏。

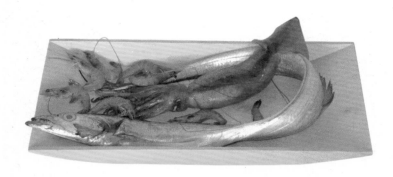

第七章

25～28周宝宝完美养护

1周
2周
3周
4周
5周
6周
7周
8周
9周
10周
11周
12周
13周
14周
15周
16周
17周
18周
19周
20周
21周
22周
23周
24周
25周
26周
27周
28周
29周
30周
31周
32周
33周
34周
35周
36周
37周
38周
39周
40周
41周
42周
43周
44周
45周
46周
47周
48周
49周
50周
51周
52周

25～28周宝宝身体发育对照表

性 别	身 高	体 重	头 围	胸 围
男宝宝	65.5～74.7厘米	6.9～10.7千克	42.4～47.6厘米	40.7～49.1厘米
女宝宝	63.6～73.2厘米	6.4～10.1千克	42.2～46.3厘米	39.7～47.7厘米

第25周

日常护理

宝宝的睡眠规律

每个宝宝因个体的差异，睡眠状况不尽相同，但一般来说，在宝宝到了第7个月时，还是有规律可循的。

这个月宝宝的睡眠，总的趋势仍然是白天睡眠时间及次数会逐渐减少，一天总的睡眠时间为15～16个小时。大多数的宝宝，白天基本上睡2～3次，一般是上午睡1次，下午睡1～2次，每次1～2个小时不等。夜间一般要睡眠10小时左右。在这10个小时中，夜间不吃奶的宝宝可以一觉睡到天亮，只是夜间可能醒2～3次小便。还有部分夜间习惯吃奶的宝宝，中途要吃1次奶再入睡，对于这部分宝宝，如果每晚在入睡前采取喂奶加辅食的方法，就可以克服夜间吃奶的习惯。宝宝如果夜间睡得足，不仅有利于宝宝和父母的休息，更重要的是

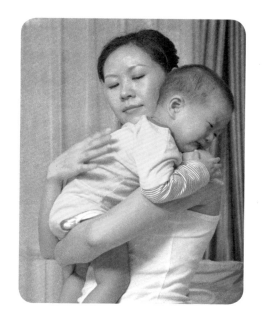

有利于宝宝的身体发育。宝宝睡眠的好坏直接影响着健康和智力的发育，作为父母来说，应该掌握宝宝各个时期的睡眠规律。

宝宝睡不着怎么办

培养良好的睡眠习惯，不但要求宝宝能够按时睡、按时醒，而且还培养宝宝主动入睡，不过分依赖父母。所以说，良好的睡眠习惯不仅是一种生活规律的培养，更是一种独立精神的培养，这对于宝宝成长大有好处。

不要怕宝宝睡不着，而老是抱着宝宝连拍带摇，甚至抱着哼唱催眠曲哄他入睡。这样做的结果虽然能使宝宝尽快入睡，但如果把宝宝放到床上，即使他不马上醒来，也往往睡不踏实，常常因一点响动或其他干扰就会醒来，如果要想让宝宝重新入睡，必然还要重复以上做法。

喂养要点

宝宝一天食谱

早晨喂奶，中午喂一顿菜加肉食物，下午喂一次无奶的粮食水果粥，晚上喂一次全乳。奶在食物中的量减至400～500毫升。这样便可完全满足这个时期的宝宝一天的需要。

宝宝一天的食谱安排参考方案：

早晨7：00　牛奶200毫升。

上午9：00～10：00　鸡蛋羹1个，饼干或馒头片2块。

中午12：00　肝末（鱼末、肉松）粥1小碗。

下午4：00　牛奶120毫升，馒头1片，水果泥。

晚上8：00　面条（加碎菜、动物血少许）。

晚上10：00　牛奶150毫升。

适合宝宝吃的食物

进入7个月的宝宝应该到了断乳时期了，但还不能取消乳制品，给宝宝喝的奶量保留在每天500毫升左右就可以了。适当增加半固体性的断乳食品，用谷类中的米或面来代替2次乳类品。给宝宝断乳食品的选择，应包括蔬菜类、水果类、肉类、蛋类和鱼类等。因为宝宝长到7个月时，已开始萌出乳牙，有了咀嚼能力，同时舌头也有了搅拌食物的功能，味蕾也敏锐了，对饮食也越来越多地显出了个人的爱好，喂养上也随之有了一定的要求。父母可掌握多种饮食做法，

让宝宝吃得更加可口。

体能和智能

锻炼颈背肌和腹肌

在锻炼宝宝的颈背肌和腹肌力量时，父母可以经常与宝宝做坐起和躺下的游戏，只有宝宝的颈背部和腹部肌肉的力量增强以后，宝宝才能尽快自己坐起来，并且不用任何依靠而坐稳。

训练时，可以参考以下方法：先让宝宝仰卧，父母握住宝宝的两只手腕，慢慢地将宝宝从仰卧位拉起成坐位，然后再轻轻地将宝宝放下恢复成仰卧位，如此来回反复地做坐起和躺下的游戏，就可使宝宝的颈背肌和腹肌得到锻炼。如果宝宝的手已经有很好的握力，父母也可把大拇指放在

宝宝的手心里，让宝宝紧握进行上述坐起和躺下的游戏。用这种方法训练时，要注意宝宝的握力是不是足以完成整个游戏。如果宝宝手部的握力不够，就需要父母中的一人在宝宝身后进行必要的保护，以免宝宝半途松手而发生意外。

训练手部力量和灵活性

6个月以后，宝宝的小手动作明显地灵巧了，一般物体都能熟练地拿起，捡豆游戏就是建立在这种基础之上进行的。游戏前，父母找一个广口瓶，再找10多个爆米花之类比较好拿且可以吃的物品。游戏开始时，父母可以先做个示范，一个一个地将爆米花之类的物品捡起来，放进瓶里，然后再倒出来。如此反复，来回玩耍。在父母示范动作的启发下，宝宝就会效仿，开始学习捏取爆米花之类的小物品。这个游戏有循序渐进的过程，开始时寻找些爆米花之类比较粗糙的东西，等宝宝比较熟练之后，再换一些如小糖豆等比较光滑难拿的东西，经过这样逐步升级的训练，宝宝的小手指就会越来越有力，越来越灵活，而且会逐步由拇指与其他指头的抓握，逐渐发展为拇指与示指相对地准确捏取。

那些发育较慢的宝宝也可以做这个游戏，可以用一个广口瓶或干脆用塑料口杯盛豆子。开始时，宝宝

1周
2周
3周
4周
5周
6周
7周
8周
9周
10周
11周
12周
13周
14周
15周
16周
17周
18周
19周
20周
21周
22周
23周
24周
25周
26周
27周
28周
29周
30周
31周
32周
33周
34周
35周
36周
37周
38周
39周
40周
41周
42周
43周
44周
45周
46周
47周
48周
49周
50周
51周
52周

也可能是用满把手去抓，然后放到瓶子或杯子里去，只要坚持训练，用不了多久，宝宝就可以用手指灵巧地抓握了。

需要注意的是，宝宝做这些游戏时，父母需在旁边看护，防止宝宝误食这些食物。

健康与安全

❖ 提高宝宝的抵抗力

为提高7个月的宝宝抵抗疾病的能力，父母要积极采取措施增强宝宝的体质，主要做好以下几点。

按期进行预防接种，这是预防小

儿传染病的有效措施。

保证宝宝的营养。各种营养素如蛋白质、铁、维生素D等，都是宝宝生长发育所必需的。而蛋白质更是合成各种抗体的原料。如果原料不足，则抗体合成就会减少，宝宝对感染性疾病的抵抗力就差。

保证充足的睡眠也是增强宝宝体质的重要方面。

进行体格锻炼是增强宝宝体质的重要方法，可进行主被动操以及其他形式的全身运动。

多到户外活动，多晒太阳和多呼吸新鲜空气。

❖ 不要总让宝宝坐在婴儿车里

尽管7个月的宝宝已经能坐得很稳，但不要总让宝宝坐在婴儿车里，应选择一个比较安全的地方，再铺块毯子，将宝宝放到毯子上，让宝宝坐着或爬着玩。

也可以让宝宝坐在草坪上，看看天上的云彩，听听小鸟的叫声，摸摸嫩绿的小草。喜欢小伙伴是宝宝们的天性，如果住处附近有儿童活动场所，也可以带宝宝到一个比较安全的地方观看。但无论采取什么方式，也不管到什么场所，对7个月大的宝宝来讲，每天室外活动的时间应控制在1.5～3个小时为宜。

第26周

日常护理

培养宝宝定时大小便

这个月宝宝的大便排泄已经基本形成规律。有的宝宝每天大便1～2次，也有的宝宝每天2～3次。小便的次数一般每天在10～13次，每次小便的间隔时间也相应延长。

这个月的宝宝由于基本可以自己坐稳，这时可以训练他自己坐在便盆上大便，而不需要父母把持。如果宝宝还不能自己坐稳，父母可以在旁边给予扶持。父母要经过观察和摸索，逐渐掌握宝宝大便的时间，不要因时间掌握不准而让宝宝坐便盆的时间太长，更不要在宝宝坐在便盆上时给宝宝喂食。此外，便盆要放在一个容易看到的地方，而且位置要固定，以便让宝宝想要大便时就能形成条件反射，去找便盆。

宝宝小便次数较多，父母可以采取定时把尿的方法培养宝宝的定时习惯。把尿时，父母抱起宝宝，在双手把宝宝的双脚分开时，父母的嘴里要发出"嘘嘘"的声音。经过多次训练，宝宝就会形成条件反射。当宝宝有尿意时，只要父母一做这个姿势，并发出"嘘嘘"的声音，宝宝就会小便。把尿成功不仅可减少父母洗尿布的辛劳，更重要的是能够培养宝宝良好的生活习惯。

室内裸体空气浴

当天气情况不允许带宝宝做室外

1周
2周
3周
4周
5周
6周
7周
8周
9周
10周
11周
12周
13周
14周
15周
16周
17周
18周
19周
20周
21周
22周
23周
24周
25周
26周
27周
28周
29周
30周
31周
32周
33周
34周
35周
36周
37周
38周
39周
40周
41周
42周
43周
44周
45周
46周
47周
48周
49周
50周
51周
52周

活动时，也可以让宝宝在室内进行裸体空气浴。做室内裸体空气浴以前，应该先开窗20分钟，进行空气交流之后，等到室温升到20℃左右时，就可以将宝宝的衣服全部脱掉，把他放在床上，或者在木质地板上铺上一块较厚的毯子，将宝宝放在上面。活动的方法可以由宝宝的兴趣而定，如果宝宝以前一直坚持做婴儿体操，但到7个月时不爱做了，就不要勉强宝宝继续做，可以改换成宝宝喜欢的游戏，只要能活动全身，任何活动都可以达到健身目的。

宝宝裸体空气浴时，特别要注意生殖系统的安全和卫生防护。

喂养要点

■ 培养宝宝良好的饮食习惯

随着宝宝的长大，许多习惯也就会慢慢形成，而良好的饮食习惯对宝宝的健康成长是很重要的。作为父母，是宝宝健康成长的奠基者和保护神，起着举足轻重的作用。

首先，父母在给宝宝喂食时，应做到定时定量定场所，这有利于宝宝生理规律的稳定，利于形成内在条件反射，利于消化系统的正常运行。

其次，应注意培养宝宝的卫生习

惯，进餐前应先给宝宝洗净小手，带上围嘴或小手帕。

此外，不要让宝宝边吃边玩，这样不利于食物的消化吸收，有时可引起宝宝腹泻。只有宝宝集中注意力吃饭，才能尝到食物的美味，增进食欲，身体才能更好地发育。

应对宝宝挑食的策略

随着宝宝的逐渐长大，宝宝可食的食物花样也逐渐增多起来，于是许多宝宝开始挑食了。宝宝对不喜欢吃的东西，即使已经喂到嘴里也会用舌头顶出来，甚至会把妈妈端到面前的食物推开。

之所以这样，主要是因为宝宝的味觉发育越来越成熟，对各类食物的好恶就表现得越来越明显，而且有时会用抗拒的形式表现出来。但是，宝宝的这种"挑食"并不同于大孩子的挑食。宝宝在这个月龄不爱吃的东西，到了下个月龄时就可能爱吃了，这也是常有的事。所以，不必担心宝宝的这种"挑食"，而是要花点儿心思琢磨一下，怎样能够使宝宝喜欢吃这些食物。

为了改变宝宝挑食的状况，妈妈可以改变一下食物的形式，或选取营养价值差不多的同类食物替代。比如，宝宝不爱吃碎菜或肉末，就可以将它们混在粥内或包成馄饨来喂；宝

宝不爱吃鸡蛋羹，就可以煮鸡蛋或者做荷包蛋给宝宝吃等。

总而言之，要想方法变花样给宝宝做食物。即使宝宝对变着花样做出的食物还是不肯吃，父母也不要着急。如果宝宝只是不爱吃鱼和肉中的一两样，是不会造成营养缺乏的。谷类食物里的品种很多，不吃其中的几种也是没有关系的。父母千万不可强迫宝宝进食，以免让他因此讨厌这些食物而产生食欲不振。一般宝宝这次不吃，可以过一段时间再试试看，但不能因为一次不吃，以后就再也不给他吃了。

体能和智能

观察力和判断力的培养

观察力和判断力是将来日常生活和工作中必须具备的基本素质，在宝宝长到第7个月时，就可以利用游

1周
2周
3周
4周
5周
6周
7周
8周
9周
10周
11周
12周
13周
14周
15周
16周
17周
18周
19周
20周
21周
22周
23周
24周
25周
26周
27周
28周
29周
30周
31周
32周
33周
34周
35周
36周
37周
38周
39周
40周
41周
42周
43周
44周
45周
46周
47周
48周
49周
50周
51周
52周

戏，逐步培养宝宝的观察力和判断力。

培养宝宝观察力和判断力的游戏有很多，比如要玩玩具时，可以先让宝宝自己找。如果宝宝喜欢玩玩具娃娃，就可以和宝宝玩藏猫猫游戏，先用一块手帕蒙在玩具娃娃上，要注意手帕不能太大，要将玩具娃娃露出一部分，让宝宝将玩具娃娃找出来。也可以将玩具娃娃和小汽车等几个玩具同时用手帕蒙起来，手帕的边上分别露出小汽车的轮子和玩具娃娃的胳膊或腿，然后再让宝宝揭开手帕寻找到他所喜欢的玩具。也可以点玩具的名称，让宝宝寻找，这样一方面可以锻炼宝宝自己找玩具的能力，同时也可以使宝宝将玩具和玩具的名称对应起来，达到增强宝宝认知能力的目的。当然，也可以把这些玩具藏在枕头下、被子里，让宝宝去找，逐渐增加游戏的难度。也可以互换角色让宝宝把他喜欢的玩具盖起来或藏起来，由父母来找，以此调动宝宝参与游戏的兴趣，培养宝宝的观察力和判断力。

▓ 不能忽视玩具的副作用

玩具虽然对宝宝的体能和智能发育大有用处，但使用不当会产生副作用。给宝宝玩玩具的时候，要注意以下两个问题。

不要长时间让宝宝自己玩

宝宝长时间玩玩具，虽然可以减少父母照看宝宝的时间，但长时间让宝宝自己玩其实是不妥的。因为这样会使宝宝养成内向孤僻的性格，对宝宝将来性格的塑造会造成不必要的障碍，同时也影响了父母与宝宝之间的交流，对宝宝的智能发展也不利。

不要给宝宝太多的玩具

现在市场上的玩具品种层出不穷，如果一味地给宝宝买以前没见过的玩具，这样做的结果费钱不说，更为不利的是宝宝的性格培养，所以不要一次给宝宝买太多的玩具。

健康与安全

❋ 护理感冒的宝宝

感冒症状是打喷嚏、流鼻涕、鼻子不通气、吃奶困难和声音嘶哑。宝宝一般不发热，但是，一旦发热就比四五个月时的发热要高，有时会达到38℃以上。不过，一般不会持续很久，多半一天或一天半就退热了。到第三天左右时，水样的清鼻涕就变成黄浓鼻涕。常常是打喷嚏消失了，才出现轻度咳嗽。到这种程度时，宝宝的感冒也就好了。

宝宝在感冒的最初4～5天里，喝奶量要比平时少，每次都要剩点奶，食欲下降，不愿意吃断乳食品，也不像以前那样有精神。要完全恢复原来的状态，一般需要一周左右。

感冒是由病毒引起的疾病，所以没有特效药。如果不发热，最好就不要带宝宝去医院打针，以免引起交叉感染。对宝宝感冒的护理，父母要做到以下几点：

冬天应注意保温，室温要保持在18～20℃。

宝宝食欲不振时，不要硬喂，可以将牛奶冲调稀点，多补充水分。如果宝宝爱吃米粥和牛奶煮的面包粥，只要宝宝没有严重的腹泻，就可让宝宝吃。在感冒发热期间，可多给宝宝喂点水和果汁。

尽量让宝宝休息好，注意室内空气的流通，宝宝的内衣要勤洗勤换，宝宝的饮食餐具要勤消毒。

另外，宝宝咳嗽时，有时偶尔也会引起中耳炎。较轻的中耳炎，只要早期发现，一般使用抗生素就可以治好。

1周
2周
3周
4周
5周
6周
7周
8周
9周
10周
11周
12周
13周
14周
15周
16周
17周
18周
19周
20周
21周
22周
23周
24周
25周
26周
27周
28周
29周
30周
31周
32周
33周
34周
35周
36周
37周
38周
39周
40周
41周
42周
43周
44周
45周
46周
47周
48周
49周
50周
51周
52周

第27周

日常护理

保证宝宝的安全

宝宝很容易受到意外伤害，为了保证宝宝的安全，父母应该注意以下事项。

除非换尿片的台上有安全绑带，否则必须腾出一只手护着宝宝。千万不可以将宝宝单独留在换尿片的台面

上、床上、椅子上或沙发上，不要认为宝宝还不会翻身就没事，宝宝可能因为乱动而摔下来。

将宝宝放在大澡盆内洗澡时，一定要在下面垫块毛巾用来防滑，必须用一只手扶住宝宝，而且最好有两个人一起给宝宝洗澡。

别把宝宝交给未成年人，或是不熟悉的人临时照看。

绝不能把宝宝单独留在屋里。

即使是再温驯的宠物，也绝不要让它与宝宝单独相处。

抱宝宝的时候，手里不要拿剪子、刀子、针之类的物品。

不可猛烈摇晃宝宝，或是将他抛到空中再接住。

宝宝身上或是他的玩具、使用的物品等，都不要系上任何绳子或链子。衣服上的收缩绳、腰带，都应打个结以防止被拉出来。特别值得注意的一点是：婴儿床、游戏围栏等，千万别离电话线、窗帘的拉绳太近，所有这些东西都有可能导致意外。

绝不可以把宝宝放在离床沿很近的地方，或毫无遮蔽保护的窗口附近。

开车外出时，父母都必须系好安全带，切勿将宝宝单独留在车内。

宝宝爱趴着睡

6个月的宝宝能够翻身了，有的父母在欣喜之余却发现自己的宝宝总爱趴着睡，不知是什么原因。其实，宝宝趴着睡多半是因为这样睡着舒服，这只是一个睡眠习惯问题，并不是由于哪儿有毛病。有的父母会认为宝宝趴着睡会压迫胸部，引起呼吸困难，所以就让宝宝仰着睡，但过一会儿，宝宝又趴着睡了。一般宝宝会连续趴着睡一个时期，以后又会改成仰着睡。

喂养要点

适当给宝宝添加强化食品

所谓强化食品是指为了满足人体生理需要，经过加工添入人体所需要的营养元素的食品。目前市场上的强化食品添入的营养元素主要为维生素、矿物质及各种微量元素、氨基酸、蛋白质等，如添加维生素B_1、维生素B_{12}和赖氨酸的面包，加钙糖的饼干，添加酵母粉或鸡蛋的面条等，这种强化食品只是调节宝宝辅食的一种营养元素来源，不能作为长期喂养的主食，更不能代替辅食，否则会造成宝宝营养不良，或因某种营养元素过多而发生中毒。

正确的食用方法是，在食用主食及按时添加辅食的基础上，根据宝宝身体对某种营养元素的需要，适当地添加强化食品。

调整饮食应对便秘

此时期，父母可通过饮食调理来治疗宝宝的便秘。具体可采用以下方法。

如果宝宝喝了酸奶以后，能排便而且非常通畅，就可以经常给宝宝喝点酸奶。若100毫升左右不能解决便秘，就可以增加1倍的量。也可试着给宝宝喂一些含膳食纤维素的食物，如油菜末、胡萝卜末、西蓝花末、苹

1周
2周
3周
4周
5周
6周
7周
8周
9周
10周
11周
12周
13周
14周
15周
16周
17周
18周
19周
20周
21周
22周
23周
24周
25周
26周
27周
28周
29周
30周
31周
32周
33周
34周
35周
36周
37周
38周
39周
40周
41周
42周
43周
44周
45周
46周
47周
48周
49周
50周
51周
52周

果、橙子、海苔、海带等，可以改善便秘。

另外，吃牛奶面包粥的宝宝，如果将白面包换成全麦或黑面包后，便秘状况一般可以改善。

体能和智能

✿ 传递游戏

在做传递游戏之前，可以先做以下基础练习。在宝宝能够准确抓握的基础上，可给宝宝一些积木、套碗

和套塔等玩具。首先训练宝宝抓住一个再抓一个，或向宝宝同一只手上送两个玩具，让宝宝学会将一个玩具放下，再拿起另一个；进而学会把一只手上的玩具转到另一只手上，然后再取第二个玩具。在进行以上基础训练的时候，开始时宝宝可能会把玩具扔掉或撒手不接，即使能把玩具放下也不是有意识的。这时，父母可以在宝宝拿起玩具时用语言进行指导，让宝宝放下或交给父母。每次宝宝按照父母的指导完成动作后，父母要以夸奖或亲吻的方式及时给予鼓励，激发宝宝自己动手的兴趣和信心。当这些基础训练都能基本完成的时候，父母可以分别坐在宝宝的两侧，从妈妈开始或是从爸爸开始都行，拿一个玩具交到宝宝的一只手上，然后再教宝宝倒手后，交到父母手里，直至宝宝完成所有动作。

✿ 适合宝宝听的音乐

随着现代儿童早期教育科学的普及，大部分的宝宝在未出生之前就接受过了音乐的熏陶，所以对于宝宝来说，音乐已经是比较熟悉的声音了。如果宝宝对音乐感兴趣，就可以从这个月开始给他听音乐。对于这个月龄的宝宝来说，听世界名曲还为时过早，最好听一些旋律简单且重复较多的乐曲。如果宝宝喜欢听唱的歌，妈

妈可以把几首歌录在磁带上，可以在宝宝安静的时候放给他听。

健康与安全

突发性发疹

突发性发疹是6～8个月的宝宝极易得的一种病。其特点是，原来一直没有发过热的宝宝，刚过6个月就突然发热到38℃以上，而且，症状与感冒、着凉、扁桃体炎区别不大。待热退了、疹子出来以后，才能确诊为突发性发疹。

也可以通过6个月以前的宝宝，一般不会出现连续3天发热现象进行判定。当宝宝连续发热两天时，父母就应怀疑是突发性发疹子。仔细观察宝宝的病情，在宝宝出疹子之前，就大致可以做出判断。年轻的父母一定要记住突发性发疹这种病。

第一次给宝宝使用体温计时，可用柔软干布将宝宝腋下的汗擦净，然后按规定时间将体温计夹在宝宝腋下。第4天热一退，宝宝的背部就长出红色的、像蚊子叮了似的小疹子，而且逐渐扩散。到了晚上，脸上、脖子、手和脚上也都长出来了。

突发性发疹与麻疹的区别

突发性发疹与麻疹是比较好区别的。麻疹出疹时伴有发高热，而突发性发疹在出疹时不发高热。而且宝宝尽管退了热，但仍然不精神，老是哭。第3天夜里或第4天早晨，宝宝排出的多半是稀便，到第5天就完全好了。这时宝宝的精神也恢复常态，疹子也少了。

第28周

日常护理

不能洗澡的情况

宝宝身上不舒服，怀疑生病，比如拒奶、呕吐、咳嗽厉害、体温达37.5℃以上时不宜洗澡。至于轻微的流鼻涕、打喷嚏、咳嗽等往往属于生理现象，只要情绪正常，就可以照常洗澡。

对于宝宝来说，洗澡是要消耗

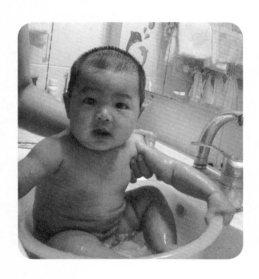

体力的。因此，每次洗澡时间不要太长，在热水中浸泡的时间最好不超过5分钟。

给宝宝擦澡

宝宝因生病或其他原因几天不能洗澡时，可用海绵浴或油浴保持皮肤清洁。

海绵浴

将室内弄暖和后，脱去宝宝的衣服，将其用浴巾包裹起来。

把纱布或海绵放入热水中，拧干后打上少许婴儿皂，用其擦脖子、腋下、屁股和有皱褶的地方等，擦到哪个部位就将哪个部位从浴巾下露出，一点一点地擦。

用热毛巾擦2～3次，不要残留肥皂沫。注意毛巾不要太热。

油浴

在脱脂棉上蘸些婴儿油，用和海绵浴相同的要领擦洗身体。注意：冬天婴儿油太凉，要用体温把它捂暖，不然会惊吓着婴儿。

用纱布或毛巾轻轻地擦拭宝宝身体，把油揩掉。

擦净后薄薄地涂上痱子粉。

喂养要点

❋ 让宝宝学会使用小勺

在宝宝已经接受了小勺后，父母还要帮助宝宝学会使用小勺。

具体方法，让宝宝拿一把勺，妈妈自己拿一把勺，边给宝宝喂饭，边教宝宝怎样用勺。开始宝宝持勺不分左右手，妈妈没有必要迫使宝宝纠正，两手同时并用有助于左右大脑发育。

教宝宝使用小勺时要有耐心，宝宝开始用勺子不够熟练，会弄得手、脸、衣服到处都是饭，甚至摔碎碗杯。父母这时不要斥责，更不能因此让宝宝失去兴趣。一定要多给宝宝机会，相信宝宝会逐渐熟悉并掌握这些技巧。

❋ 宝宝吃饭时用手乱抓

宝宝现在有了自己的独立意识，手的动作变得更加灵活。吃饭的时候，往往把手伸到碗里，抓起东西就往嘴里放，即使不是吃饭，宝宝只要

1周
2周
3周
4周
5周
6周
7周
8周
9周
10周
11周
12周
13周
14周
15周
16周
17周
18周
19周
20周
21周
22周
23周
24周
25周
26周
27周
28周
29周
30周
31周
32周
33周
34周
35周
36周
37周
38周
39周
40周
41周
42周
43周
44周
45周
46周
47周
48周
49周
50周
51周
52周

看见什么了，不管是什么东西就喜欢送到嘴里。

有些父母常会阻止宝宝这样做。其实，这是不科学的。宝宝发育到一定阶段就会出现一定的动作，这也是宝宝生长过程中必然出现的一种现象。这代表着一种本能，代表着一种进步。宝宝能将东西往嘴里送，这就意味着宝宝在为日后自食打下良好的基础。若禁止宝宝用手抓东西吃，可能会打击宝宝日后学习自己吃饭的积极性，不利于宝宝手功能的锻炼，也不利于宝宝身体各部分协调能力的发展和培养。父母不必计较这些小节，重要的是让宝宝体会到自食的乐趣。

父母应该从积极的方面采取措施，如把宝宝的手洗干净，让宝宝抓些像饼干、水果片等"指捏食品"。这样不仅可以训练宝宝手的技能，而且还能摩擦宝宝的牙床，以缓解宝宝长牙时牙床的刺痛。而饼干、水果片通常是7个月宝宝最先用手捏起来吃的食物。

另外，妈妈在给宝宝喂食物时，不要阻止宝宝把手伸到碗里去，要随着宝宝自己的意愿，让宝宝自己喂自己。只要宝宝吃得高兴，食物就消化得更好。

体能和智能

❋ 让宝宝感受室外儿童锻炼器械

当父母带宝宝到室外活动的时候，大部分宝宝看到其他小朋友玩秋千、滑梯或跷跷板等大型儿童锻炼器械，都会表现出异常地高兴。这时，父母也可以适当地满足一下宝宝的好奇和兴趣，抱着宝宝一同荡秋千、滑滑梯或和父母压一压跷跷板。当然，让宝宝体验一下大型儿童锻炼器械时，最重要的是注意安全。父母一人抱宝宝滑滑梯、荡秋千或压跷跷板时，动作一定要慢，最好要有一人在旁边保护，否则稍有不慎就会出危

险。有意识地让宝宝体验大型儿童锻炼器械，可帮助宝宝更积极主动地参与运动，并从中体验运动的乐趣。

培养宝宝的自理能力

培养宝宝的自理能力，父母应要从日常生活的点点滴滴中开始。

在给宝宝穿鞋袜之前，可以先把小鞋子、小袜子放到宝宝手里，让宝宝玩一会儿，分辨一下是什么用品。如果宝宝知道是脚上穿的东西，就会笨拙地往脚上套。如果不知道也不要紧，在正式给宝宝穿时，要一边穿一边告诉宝宝它的用处，经过几次训练

宝宝就会明白。即使宝宝还不会自己穿，但只要父母准备给他穿鞋袜时，宝宝就会在父母的指导下把小鞋子或小袜子拿过来，时间一久，宝宝很快就能学会自己穿鞋袜了。

此外，教宝宝学会使用小勺或用杯子喝水，不仅是宝宝生理上的需要，而且也是一种自理能力的培养。

健康与安全

宝宝淋巴结肿大

妈妈在给宝宝洗脸时，发现宝宝

1周
2周
3周
4周
5周
6周
7周
8周
9周
10周
11周
12周
13周
14周
15周
16周
17周
18周
19周
20周
21周
22周
23周
24周
25周
26周
27周
28周
29周
30周
31周
32周
33周
34周
35周
36周
37周
38周
39周
40周
41周
42周
43周
44周
45周
46周
47周
48周
49周
50周
51周
52周

的耳朵后面到脖颈的部位（双侧或单侧），有小豆粒大小的筋疙瘩，用手按时，宝宝也没什么反应，不哭也不闹，好像也不痛的样子。到医院检查后才知道原来是淋巴结肿大。

淋巴结肿大在夏天特别多见，原因是宝宝头上长痱子发痒，用手搔抓时，抓破了痱子，而宝宝指甲内潜藏着的细菌，会从被抓破的皮肤侵入到宝宝体内，停留到淋巴结处。淋巴结为了不让细菌侵入，于是就发生反应出现肿大。

一般来说，这种淋巴结肿大不化脓，也不会破溃，会在不知不觉中自然被吸收。如果发生化脓时，开始是周围发红，一按宝宝就哭，说明有疼痛。父母在平时要随时观察宝宝耳后的淋巴结。如果发现淋巴结逐渐变大、数量也不断增多时，就必须带宝宝去医院看了。

不能给宝宝喂咀嚼过的饭

人的口腔中常有一些细菌、病毒，这些细菌、病毒会通过被咀嚼过的饭菜传染给宝宝。宝宝的抵抗力是比较弱的，对成人不引起疾病的细菌、病毒有时也可以使宝宝患病。如果父母患早期肝炎、肺结核或其他传染病时，也是很容易传染给宝宝的。有人曾做过实验，从一个不经常刷牙

的人的口腔中，取出一些食物残渣来检验，竟发现有8亿多个细菌。而且，经父母咀嚼的饭菜口味差多了，食物的色香味全都被父母品尝了，留给宝宝的是一团烂糟糟的、味道极差的食物。宝宝经常吃这种被咀嚼过的饭菜，是会影响食欲的。另外，父母这样做也不利于宝宝咀嚼肌和下颌的发育。

因此，从饮食卫生与身体发育的角度出发，父母最好能单独为宝宝做些松、软、香的食物，让宝宝吃得既营养又卫生。

第八章

29～32周宝宝完美养护

29～32周宝宝身体发育对照表

性　别	身　高	体　重	头　围	胸　围
男宝宝	66.5～76.5厘米	7.1～11.0千克	42.5～47.7厘米	41.0～49.4厘米
女宝宝	65.4～74.6厘米	6.7～10.4千克	42.3～46.4厘米	40.1～48.1厘米

第29周

日常护理

■ 给宝宝自由活动的空间

这个月龄的宝宝已经会坐会爬了，除了让其在卧室里活动之外，最好能为宝宝创造一个较大的空间让他自如地活动，使宝宝爬行不受阻碍。如果居住条件有限，也可考虑充分利用客厅作为宝宝的活动空间，但要对客厅进行适当的改造，最好让客厅兼备会客和宝宝活动的双重功能。

宝宝活动的室内空间温度要适宜，一般控制在25℃左右，还要保持一定的湿度。活动室内可以悬挂形态各异的物体或张贴几幅色彩鲜艳的图片，让宝宝活动起来更有兴趣，并可促进宝宝视神经的发育。室内应保持阳光充足和空气新鲜，因为新鲜空气中所含氧气多，人体内有充分的氧气，才能对蛋白质、脂肪、碳水化合物进行氧化，促进新陈代谢。

此外，在活动室内，凡是宝宝站起来能够得着的地方，不要放置任何危险物品，电器及插座等都要加上安全防护措施，以防宝宝伸手触摸时可能会造成危险。

千万不要抛扔宝宝

有些妈妈喜欢抱着宝宝，用力摇晃或向空中抛扔宝宝。也有的妈妈为了哄宝宝入睡，让宝宝仰卧在自己的双腿上不停地抖动，或放在摇篮里用力地摇晃。有时又抱着宝宝边走边抖动。有的妈妈还认为这是让宝宝乖乖入睡和不哭闹的好办法。岂不知，这些做法对宝宝的健康都是不好的，甚至会导致严重的后果。

这是因为宝宝的大脑发育比较早，所以头部的分量相对比较重，而颈部肌肉却比较松软，剧烈摇晃时宝宝的头部容易受到较强的震动，易使脑部受到伤害，这对宝宝的智力发育很不利。另外，大幅摇晃宝宝，也容易导致其他严重后果。因此，妈妈们千万不要抛扔或剧烈摇晃宝宝。

喂养要点

宝宝的饮食特点

8个月的宝宝消化功能增强了许多，不但能吃流质、半流质的食物，而且还能吃一些固体食物，这样就为

1周
2周
3周
4周
5周
6周
7周
8周
9周
10周
11周
12周
13周
14周
15周
16周
17周
18周
19周
20周
21周
22周
23周
24周
25周
26周
27周
28周
29周
30周
31周
32周
33周
34周
35周
36周
37周
38周
39周
40周
41周
42周
43周
44周
45周
46周
47周
48周
49周
50周
51周
52周

宝宝能够摄取足够的营养物质打下了基础。父母在给宝宝喂辅食的时候，要注意营养的均衡搭配，并且可以适当多吃一些高蛋白食物，如豆腐、蛋类、奶制品、鱼和瘦肉末等。但糖、维生素等营养成分也不能少。还要注意，新的辅食最好一个品种一个品种地给宝宝增加，等宝宝适应一种后，再增加另一种，如果宝宝有不良反应立即停止。添加新食物要在喂奶前，先吃辅食再喂奶，这样宝宝就比较容易接受新的辅食了。

▒ 宝宝的食物种类

这一时期，宝宝体内分解脂肪能力旺盛，也可以给宝宝吃煮的、炒的食物，但一定要嫩一些的食物，如炒白菜、炒西葫芦、炒茄子和炒鸡蛋等（炒得要嫩软一些，喂的量要少一点）；煮的有肉类、鱼类和谷类等食物（肉要煮成肉糜，鱼要剔干净刺）。以下是给宝宝确定各类食谱的方法。

米粥

给宝宝煮粥，最好选择大米或者小米煮，粥要煮得软些，煮得尽可能黏稠一些才好，但不要放碱。

面食

又薄又细的面条煮软了就可以给宝宝吃，面条里可以加切碎的各类蔬菜、肉末，也可以加少许牛奶。刚蒸好的馒头、新鲜面包等都可以给宝宝吃。

鱼类

鱼类以清蒸的为好。要选择新鲜的、刺儿少和肉多的鱼，比如草鱼和带鱼等。味道要清淡一些。另外，晒干的小沙丁鱼既柔软可口，味道也好，而且含钙丰富，又好消化，最适

于做辅食。还可以把鱼肉剁成肉泥，蒸成小鱼丸子。

肉类

易消化的肉类中，以清淡味道的碎鸡肉较好。把鸡肉清炖，煮得烂烂的，煮出香味，撕碎了给宝宝吃。开始只能给宝宝吃半勺左右。

豆类

植物性蛋白质食品以豆腐最为适宜。但应避免给宝宝吃凉拌的豆腐，要把豆腐加热做成豆腐汤或蛋黄炒豆腐，再给宝宝吃。除豆腐外，还有豆豉、熟黄豆面等。但豆豉或黄豆一定要弄碎、煮熟，一次不可吃得太多，以免引起宝宝肚子胀气。

体能和智能

继续练习手部动作

为了继续训练宝宝手部的动作，让宝宝的手指反复活动，妈妈可以和宝宝做做手指游戏，如妈妈先做示范动作，然后让宝宝模仿，体会"对不同物体做不同的动作"，比如把瓶盖盖到瓶子上，或把纸盒打开等。

爬行的训练

爬行不仅可以锻炼宝宝全身的肌肉，还可以促进宝宝运动能力的发展，而且还有利于宝宝大脑的发育，扩大宝宝认知世界的范围。为了进一步训练宝宝爬行，可以参考以下方法：

爬取玩具法

训练宝宝爬着去取玩具，主要是锻炼宝宝眼、手、脚的协调能力，促进宝宝全身肌肉的活动能力，并可以锻炼宝宝的意志。在训练时，妈妈先让宝宝俯卧在床上或干净的地板上，然后在宝宝前面放一个色彩鲜艳的玩具，吸引宝宝向前爬行。

爬楼梯训练

如果家中有楼梯，父母可以让宝宝练习爬楼梯。在训练时，妈妈应一直守护在宝宝身边，绝不能让宝宝一个人进行这种训练。平时，务必在楼梯口加装安全门，并将安全门锁好。总之，爬行是比较难学的动作，妈妈必须耐心训练，宝宝才能突破这重要的一关。

健康与安全

齿斑的原因及解决办法

有些父母发现，宝宝刚长出的两颗牙上面有灰色的斑点，不知是怎么回事。事实上，这是齿斑，引起牙齿斑点有以下原因：

宝宝食用液体的含铁维生素，就会形成这种斑点，这是铁质造成的结果，这对牙齿并不会造成伤害，等宝宝改吃咀嚼式的维生素，斑点多半会

自动消失。

如果宝宝有睡前吸奶瓶或是果汁的习惯，那么，这个难看的斑点就有可能是蛀牙，或是牙齿珐琅质的天生缺陷造成的。此时最好尽早让儿科医生或儿童牙医检查诊治。

宝宝大便中夹有血丝

一些宝宝排便时，有大便中夹带血丝的现象。造成这种现象的原因是因为添加辅食后，宝宝的大便容易变硬、变干，出现了便秘。干结的大便在排出肛门时，很容易擦伤周围的黏膜，从而出现了少量渗血的现象。父母也能从宝宝排便哭闹判断出原因。

遇到这种情况，如果宝宝的体温正常，没有其他异常不适，可在宝宝的患部涂上一些消炎药膏，同时注意在宝宝的饮食上适当增加蔬菜的量，特别是绿色叶菜类，还要多给宝宝喝水。

第30周

日常护理

宝宝怕生的应对方法

这一时期，当家中有宝宝不熟悉的客人来访时，或带宝宝外出时，应显得从容一些，而不要总是匆忙的样子。注意不要让宝宝不熟悉的客人急于接近宝宝或抱宝宝玩耍。正确的做法应是父母先通过自己与客人热情友好的谈笑来感染宝宝，让宝宝建立起对客人的信任，客人也可以通过一些试探物来接近宝宝，如先给宝宝玩具玩等。如果客人自己也带着宝宝，那

1周
2周
3周
4周
5周
6周
7周
8周
9周
10周
11周
12周
13周
14周
15周
16周
17周
18周
19周
20周
21周
22周
23周
24周
25周
26周
27周
28周
29周
30周
31周
32周
33周
34周
35周
36周
37周
38周
39周
40周
41周
42周
43周
44周
45周
46周
47周
48周
49周
50周
51周
52周

么，两个宝宝慢慢就会熟悉起来，宝宝自然也就接受了客人。总之，从陌生到接受是一个逐渐适应的过程，不可以太突然、太急切。

怕生是宝宝一个正常的心理发展过程，宝宝怕生的程度是不一样的，持续时间的长短也有所差异。为了让宝宝尽快度过这一心理发展时期，父母可以在平时让宝宝多接触一些新奇的东西，如新奇的玩具、丰富多变的电视节目等，并多与不同的人接触。另外，应注意不要吓唬宝宝，如"你不听话，大灰狼就要来了"等，这样对宝宝的心理健康发展是不利的。

✿ 使用便盆的注意事项

在第8个月时，很多宝宝已经可以坐在便盆上排便了。这时，妈妈们要注意以下问题：

首先，要巩固前几个月训练的基础，根据宝宝排便的习惯，在发现宝宝有便意时及时让他排便。如果宝宝一时不排便，可过一会儿再坐便盆，不要让宝宝长时间坐在便盆上。

其次，每次宝宝便后，应立即把宝宝的小屁股擦干净，并用水将宝宝的手洗干净。为减少病菌感染的机会，每天晚上还要给宝宝清洗小屁股，以保持宝宝臀部和外生殖器的清洁卫生。

宝宝每次排便后应马上把便盆里的粪便倒掉，并彻底清洗便盆，最好还要定时消毒。用完便盆后，要将其放在一个固定的地方，不要把便盆放在黑暗的角落处，以免宝宝因害怕而拒绝坐便盆。

喂养要点

✿ 控制宝宝吃糖

宝宝吃糖不宜过量。一般来说，宝宝的肝脏中储存的糖分少，体内的碳水化合物也较少。加上宝宝活泼好动，消耗比较多，适当吃些糖果，对及时补偿身体的消耗是有好处的。特别是那些增加了营养元素的糖果，如奶糖、果饴糖等。但是过量吃糖也会对宝宝健康造成多种危害。

过多吃糖会影响食欲，到了吃饭的时候就不想吃饭，可过了饭点肚子却有饥饿感，结果又要用糖来充饥。长此下去，会形成恶性循环。进食量减少了，宝宝就得不到所需要的各种营养元素，极易造成营养不良。

过多吃糖会消耗体内的钙和硫胺素，会降低宝宝的抗病能力。

过多吃糖会给口腔内的乳酸杆菌提供有利的活动条件，便于它们将糖发酵而产生酸性物质，而酸性物质又会促使龋齿的形成。

根据目前我国一般儿童的饮食状况，每个月摄入大约250克糖就能基本上满足宝宝的身体需要了，即每天吃10克左右的糖较合适。因此，父母要正确掌握好宝宝的吃糖量。

▓ 让宝宝多吃蔬菜

新鲜蔬菜中含有丰富的纤维素，能增强人体内消化液和食物的接触，促进胃肠蠕动和食物残渣的排泄；蔬菜里还含有调味物质，如挥发油、芳香油、有机酸等，能刺激人的食欲，加强胃肠蠕动，促进消化吸收。总之，宝宝多吃蔬菜对生长发育有着不可替代的作用。

宝宝多吃蔬菜，对牙齿的发育也有好处。如钙是牙齿珐琅质和牙齿本身钙化所必需的物质，而许多蔬菜中都含有丰富的钙，故宝宝多吃蔬菜也是很有利于牙齿的生长的。

另外，宝宝的口腔里往往寄生着一种乳酸杆菌，当它达到一定数量的时候，就会使牙齿珐琅缺钙，待珐琅质被穿透以后，牙齿很快就会受到细菌的分解而被破坏，于是就产生龋洞。蔬菜内含有90％的水分，当我们在咀嚼蔬菜的时候，蔬菜里的水分就能稀释口腔里的糖分，使寄生在牙齿里的细菌不易生长繁殖。

还有，咀嚼蔬菜时，蔬菜中的纤维也能对牙齿起清洁作用，从而也可以保护牙齿。宝宝常吃蔬菜，还能使

1周
2周
3周
4周
5周
6周
7周
8周
9周
10周
11周
12周
13周
14周
15周
16周
17周
18周
19周
20周
21周
22周
23周
24周
25周
26周
27周
28周
29周
30周
31周
32周
33周
34周
35周
36周
37周
38周
39周
40周
41周
42周
43周
44周
45周
46周
47周
48周
49周
50周
51周
52周

牙齿里的钼元素含量增加，使牙齿的硬度和牢固性增加。因此，宝宝常吃蔬菜对身体有益无害。

体能和智能

开阔宝宝的眼界

由于这个时期的宝宝对外界环境和事物越来越感兴趣，所以妈妈要利用一切条件扩大宝宝的视野，开阔宝宝的眼界，使宝宝的视觉和听觉更加发达，进一步增强宝宝的认知能力。

父母平时可以在阳台上让宝宝观察周围事物，周末可以在天气晴朗时带宝宝出去玩，街上的行人、车辆，公园里的花草、树木，都会使宝宝感到好奇。

让宝宝在交流中学习语言

这个时期的宝宝，喜欢模仿成人说话，会发单音节的词，也常会无意识地发出"爸—爸""妈—妈"的声音。能够懂得一些简单的命令，如问妈妈在哪儿时，宝宝知道用眼睛去寻找，甚至用手指着妈妈。如果妈妈说"宝宝把手伸给妈妈"，宝宝能听懂，并会把小手伸给妈妈。

有了这个基础之后，妈妈要经常对宝宝说话，说话时语速要慢，发音要准，并在宝宝模仿口形的同时，

把手部动作和相应的词联系起来，如说"再见"时教宝宝挥挥手；说"欢迎"时教宝宝拍拍手等，这样不仅能够加深宝宝对语言的理解，而且还可使宝宝从小懂得文明礼貌。

健康与安全

❋ 宝宝"地图舌"莫惊慌

当宝宝能够吃辅食了，大多数的妈妈却发现，宝宝的舌头上有像地图似的花纹图案。在白色舌苔上，出现了似湖泊、海湾样的、可以看到红色的舌体。带宝宝到医院一看，一般被诊断为"地图舌"。

这种"地图"样现象，多半是从宝宝出生后的2～3个月出现的，可能那时妈妈只顾让宝宝吃奶，而没有注意看宝宝的舌头而已。如果继续观察下去，就会发现"地图"隔2～3天就像大陆板块移动似的，不断地变化着，但多数时间会在舌头上的某一部位看到白色的"岛屿"，也有的宝宝上学后还能看到这种现象。从医学上讲，这是由于存在于舌的表面上的某种组织"更衣"所致，并不是疾病的表现。这种现象因人而异，有的宝宝可以清楚地看到，有的宝宝则完全看不到。

对于"地图舌"，在治疗上无论是外用药，还是内服药都没有效果，只有顺其自然，靠自身的调节，慢慢地就会消失。

❋ 宝宝发生抽搐

有些宝宝在发生高热的时候，突然就抽搐起来。这时候宝宝突然全身紧张，继而哆哆嗦嗦地颤抖，两目上视，白睛暴露，眼球固定，叫也没反应，摇晃也恢复不过来的。抽搐持续的时间有时1～2分钟，有时10分钟左右。

这种抽搐是高热的一种反应，叫做"热性抽搐"。有只发作1次就不再发的，也有在1个小时之内就反复发作2～3次的。如果量体温，宝宝的体温一般都超过39℃。不过也有抽搐时宝宝不发热，而后半个小时体温才超过39℃的。

抽搐是神经敏感的宝宝，对体温的突然上升而发生的反应。平时肝火旺盛的宝宝、爱哭的宝宝、夜里哭闹的宝宝易发抽搐。因为是由高热引起，所以当体温降下来就没事了。

1周
2周
3周
4周
5周
6周
7周
8周
9周
10周
11周
12周
13周
14周
15周
16周
17周
18周
19周
20周
21周
22周
23周
24周
25周
26周
27周
28周
29周
30周
31周
32周
33周
34周
35周
36周
37周
38周
39周
40周
41周
42周
43周
44周
45周
46周
47周
48周
49周
50周
51周
52周

第31周

日常护理

❄ 选择衣服

这个月的宝宝正是学走练爬的时期，由于好动的宝宝经常出汗，再加上生活不能自理，衣服就很容易弄脏。所以，这个月宝宝的服装就要有一定的要求，而且四季也有所不同。

对春秋季节服装的基本要求

外衣衣料要选择结实耐磨、吸水性强、透气性好，而且容易洗涤的织物，如棉、涤棉混纺等。纯涤纶、腈纶等布料虽然颜色鲜艳、结实、易洗、易干，但吸湿性差，容易沾上脏污，最好不要穿。

对冬季服装的基本要求

宝宝冬季的服装应以保暖、轻巧为主。外衣布料以棉、涤纶混纺等为好，纯涤纶、腈纶等布料也可使用。服装的款式要松紧有度，太紧或过于臃肿都会影响宝宝活动。

对夏季服装的基本要求

宝宝夏季的服装应以遮阳透气、穿着舒适，不影响宝宝的生理功能为原则。最好选择浅色调的纯棉衣物，这种面料不仅吸水性好，而且对阳光还有反射作用。纯涤纶、腈纶等布料透气性差，穿这类衣服宝宝会感到闷热，也易生痱子，甚至会发生静电、过敏等反应，因此最好不要穿。

❄ 选择鞋帽

宝宝的活动能力比上个月又有所增强，当妈妈抱着的时候，再不像过

去那样老实，总是喜欢站在妈妈的腿上又蹦又跳，而且还能在妈妈的帮助下扶着栏杆站一会儿，此时，为宝宝选择一双合适的鞋子就显得非常重要了。同时，由于宝宝外出机会增多，妈妈最好也给宝宝准备一顶漂亮的帽子。

　　在给宝宝买鞋子时，最好选择鞋底稍微硬一些的布鞋，不要选择皮鞋，以免卡伤宝宝娇嫩的小脚丫。虽然妈妈给宝宝准备了漂亮的帽子，但不要什么季节出门都给宝宝戴，一般选择在冬天为加强宝宝的御寒能力，减少感冒的发生，出门时必须戴之外，其他季节最好不要戴。当然，如果盛夏时节阳光太强，也可以给宝宝戴一顶凉帽，以免中暑。

喂养要点

❀ 宝宝餐位和餐具需固定

　　这个月龄的宝宝自己可以坐着

了，因此在喂宝宝吃饭的时候，妈妈可以给宝宝准备一个专用餐椅，让宝宝固定位置进餐。如果没有条件，可以在宝宝的后背和左右两边，用靠垫之类的物品围住，目的是不让宝宝随便挪动地方，而且最好把这个位置固定下来，给宝宝使用的餐具也要固定下来，这样，宝宝一旦坐到这个地方就知道要开始吃饭了，逐渐就养成了良好的进食习惯。

　　这时的宝宝，妈妈喂饭时也不老实了，不会只乖乖地张嘴吃，他会伸出手来抢妈妈手里的小勺，或者索性把小手伸到碗里抓饭，此时妈妈不妨在喂饭时也让宝宝拿上一把勺子，并允许宝宝把勺子放入碗中，这样宝宝

1周
2周
3周
4周
5周
6周
7周
8周
9周
10周
11周
12周
13周
14周
15周
16周
17周
18周
19周
20周
21周
22周
23周
24周
25周
26周
27周
28周
29周
30周
31周
32周
33周
34周
35周
36周
37周
38周
39周
40周
41周
42周
43周
44周
45周
46周
47周
48周
49周
50周
51周
52周

就会越吃越高兴，慢慢地就学会自己吃饭了。

宝宝辅食的用量和餐次

食用量

各种蔬菜任选1～2种，每天变换蔬菜种类，每次吃1～2汤匙，中午12：00，下午4：00配主食吃。

各种果汁、水等饮料任选1种，每次120克，下午2：00吃。

水果泥、鸡蛋羹1～2汤匙，上午10：00配主食用。

餐次

母乳：早晨6：00，下午2：00、6：00和晚10：00。

其他主食：上午8：00、10：00、中午12：00和下午4：00。

浓缩鱼肝油：每日2次，每次3滴。

肝泥、肉末选1种，每日1次。肝末每次15克，肉末每次20克。

体能和智能

不要扼杀宝宝的好奇心

这个时期的宝宝总喜欢东摸摸、西摸摸、什么都往嘴里塞，再稍微大一点儿的时候，就开始撕东西，弄坏玩具，如果宝宝会说话了，肯定还会不停地问"为什么"。宝宝每次要探索的东西，都是宝宝当时最感兴趣的东西，每次"亲身尝试"后都会有所收获。即使遇到一些困难，宝宝也会自己想办法去完成。在不断的探索过程中，宝宝的自信心和认知能力都会得到增强。

❀ 选择合适的玩具

由于这个月龄宝宝的随意性运动正在形成，眼手协调能力得到了进一步发展，对周围事物的兴趣和认识能力也逐渐增强。大多数的宝宝都能明确地表达自己的意愿，看见喜欢的东西，就会爬过去拿或伸手要。这时，比较适合的玩具主要有以下几种。

底部较重但可推倒的较大型充气玩具或可填充的动物玩具。

一些互相撞击可以发出声音的玩具、可拉着走、会唱歌或发出模拟声响的玩具。

挤压时可以吱吱响的橡皮玩具。

可推可拉的玩具。

各种大小、颜色和质地的娃娃或动物玩具。

1周
2周
3周
4周
5周
6周
7周
8周
9周
10周
11周
12周
13周
14周
15周
16周
17周
18周
19周
20周
21周
22周
23周
24周
25周
26周
27周
28周
29周
30周
31周
32周
33周
34周
35周
36周
37周
38周
39周
40周
41周
42周
43周
44周
45周
46周
47周
48周
49周
50周
51周
52周

耐用的塑料杯和塑料碗、漏斗、量勺、玩具电话、小木琴、小鼓以及不易撕坏的图画书或画册等。

健康与安全

❋ 女宝宝为什么会患阴道炎

3个月至10岁的女宝宝，有时也患阴道炎，并多以外阴炎伴双侧小阴唇粘连症状出现。这是因为，在婴幼儿阶段，女宝宝的外阴、阴道发育程度较差，而且宝宝的抵抗力低下，加之阴道又与尿道、肛门邻近，妈妈稍不注意或护理不当，就可以通过不洁的手、衣物、尿布、浴盆和浴巾等将病原体传染给宝宝，引起宝宝外阴阴道发炎，如治疗不及时，可以引起阴唇粘连。

引起外阴阴道炎症的病原体有细菌、真菌、滴虫、支原体和衣原体，也可因蛲虫病引起瘙痒，抓破皮肤后发炎。患儿主要表现为哭闹不安、搔抓外阴。检查外阴可见有抓痕、外阴处红肿、分泌物增加和有异味。

❋ 女宝宝的外阴护理要点

对女宝宝的外阴护理十分重要，具体来说，应从以下几方面注意：

给宝宝单独使用毛巾、坐浴盆，

并经常煮沸或暴晒进行消毒。

在给宝宝擦拭大便时，应由前向后擦，避免将大便污染到宝宝的外阴，大便后要用温水清洗宝宝的外阴及肛门。

清洗宝宝外阴时，要将大阴唇分开，把小阴唇外侧的分泌物洗净。最好用清水清洗，不要使用肥皂，因为碱性肥皂易破坏体内酸性环境，导致该处自洁功能降低甚至破坏，外界的病源生物就会趁虚而入。在护理外阴或换尿布前，妈妈要先洗净自己的手。

使用布尿布，因为布尿布透气好、便于消毒。1岁后宝宝最好穿满裆裤，以减少外阴被污染的机会。

宝宝的衣物最好单独洗涤，避免将他人的病菌传染给宝宝。

不要带宝宝去卫生条件不好的浴室、游泳馆等，避免感染。

合理使用抗生素。盲目大量或长期使用抗生素，可造成婴幼儿真菌性外阴阴道炎。

一旦发现宝宝患有阴道炎时，妈妈要及时带宝宝去正规医院诊治。

第32周

日常护理

清洁卫生很重要

由于宝宝从母体里带来的免疫力基本消耗掉了，这样就很难抵御外界细菌或病毒的侵扰，所以，对这个月的宝宝来说，更要讲究生活环境的清洁与卫生。

注意宝宝居室内空气的新鲜。

防止煤气炉、液化石油气灶等对室内空气的污染。不仅煤焦油里所含的苯是强烈的致癌物质，而且做饭时产生的油烟等，也足以构成对宝宝的眼睛和呼吸系统的损害。为了减少室内污染，宝宝的居室最好离厨房远一点。此外，还要保持室内房间整洁，夏天还要注意防蚊、防蝇等。

培养宝宝早睡早起的习惯

由于宝宝个体差异，睡眠的时间和深度也是有一定的差别，而且表现的形式也各不相同。就一般规律来讲，这一时期的宝宝每天上午和下午还需要各睡一次，每次2小时左右，一天总的睡眠时间保证14～16个小时。如果宝宝白天的睡眠时间比较短，每次不到1小时，只要晚上睡得好、睡得足，白天玩的时候也很精神，妈妈就不用太过担心。但是，为使宝宝的睡眠节奏有规律，而且能做到早睡早起，白天最好在固定的时间

1周
2周
3周
4周
5周
6周
7周
8周
9周
10周
11周
12周
13周
14周
15周
16周
17周
18周
19周
20周
21周
22周
23周
24周
25周
26周
27周
28周
29周
30周
31周
32周
33周
34周
35周
36周
37周
38周
39周
40周
41周
42周
43周
44周
45周
46周
47周
48周
49周
50周
51周
52周

让宝宝睡1~2次，每次1~2个小时，晚上再睡10个小时以上就不会有什么问题了。

这一时期的宝宝好奇心很强，由于白天贪玩，不少宝宝到了晚上也不太想睡觉。如果宝宝到了睡觉时间还没有睡意，就应想方设法减少临睡前的玩耍时间，并安安静静地陪在宝宝身旁，轻轻地哼唱一首摇篮曲，直到宝宝睡着为止。经过多次这样的训练之后，宝宝晚上不睡的问题就可以解决了。另外，有的宝宝到了晚上该睡觉时不睡的原因，还可能是早上起得太晚了。对于这种情况就应给宝宝安排一个起床的固定时间，时间一到就应把窗帘打开，让阳光照进来，叫宝宝起床，当然这需要一个循序渐进的过程。

度上限制了宝宝更多地摄取营养。

汤里含有的蛋白质只是肉中的3%~12%，汤内的脂肪低于肉中的37%，汤中的无机盐含量仅为肉中的25%~60%。所以，无论鱼汤、肉汤和鸡汤多么鲜美，其营养成分远不如鱼肉、猪肉和鸡肉本身。

因此，父母在给宝宝喂汤时，要同时喂点肉，这样既能确保营养物质的摄入，又可充分锻炼宝宝的咀嚼和消化能力，也可以促进宝宝乳牙的萌出。

喂养要点

适当给宝宝吃点肉

有的父母认为7个月的宝宝，牙没长出几颗，又没有什么消化能力，所以，给宝宝只喝汤不吃肉。其实，宝宝到了7、8个月时，已经能进食鱼肉、肉末、肝末等食物了。还有的父母认为，汤的味道鲜美，营养都在汤里，所以只需给宝宝喝汤就足够了。其实这些想法都是错误的，在很大程

给宝宝做肉末

辅食制作的好坏，直接关系到宝宝的饮食量。在很多情况下，宝宝并不是不愿意吃辅食，而是父母制作的辅食不合宝宝胃口，所以宝宝不愿意吃。给宝宝做肉末是比较好的选择。

因为它鲜香柔嫩，美味可口，既可给宝宝佐餐，又可单独吃。它能提供给宝宝优质蛋白。

做肉末时，要准备好瘦肉、淀粉、调味品和水。将瘦肉剁成细末，稍加淀粉、调味品和少许水，调匀成糊状，捏成栗子大小的肉丸子，然后放到油锅里炸熟，每次给宝宝吃一半。也可加入鸡蛋调匀做成肉末蒸蛋，或将肉末放入菜泥中炒，或熬成肉粥给宝宝食用。

体能和智能

训练模仿技能

模仿是一种天性，也是一种学习的方法。父母要善于运用游戏来训练宝宝的模仿技能。

做游戏时的模仿无时不在。比如父母先拿有声响的玩具摇晃给宝宝看，当宝宝听到声音之后，如果父母把玩具交到宝宝手里，宝宝就会模仿着摇出响声。再比如，父母教宝宝玩积木时，父母先拿一块放在桌子上，再拿一块摆上去，然后递给宝宝一块，让宝宝模仿，用不了几次，宝宝就会往上摆了。这样，父母摆一块，宝宝摆一块，慢慢地宝宝就会自己玩积木了，而且还可以用积木叠成多种不同的形状。还可以让宝宝模仿敲鼓，父母先拿小木棒敲打小鼓，宝宝在小鼓响声的吸引下，就会模仿着学，等宝宝亲自把小鼓敲响之后，父母可以在鼓声中摇晃身体唱儿歌助兴。宝宝学会敲鼓和摇晃的动作后，父母可以握着宝宝的手，边敲鼓、边摇动、边唱儿歌，最后可以由宝宝用小鼓伴奏，父母唱歌，或者是父母伴奏，宝宝哼唱了。

提高辨识危险的能力

在宝宝的养育过程中，显见的、潜在的危险时刻都有可能发生，所以，仅靠父母的看护和防范是远远不够的。因此，从这个月开始要对宝宝进行规避危险的教育，提高宝宝辨识危险的能力。为了提高宝宝辨识危险的能力，可以参考以下方法：

1周
2周
3周
4周
5周
6周
7周
8周
9周
10周
11周
12周
13周
14周
15周
16周
17周
18周
19周
20周
21周
22周
23周
24周
25周
26周
27周
28周
29周
30周
31周
32周
33周
34周
35周
36周
37周
38周
39周
40周
41周
42周
43周
44周
45周
46周
47周
48周
49周
50周
51周
52周

告诫体验法

比如在给宝宝热奶时，就可以告诉宝宝，牛奶很烫，不能碰，等晾凉了才能喝，即使这时的宝宝还不明白"很烫"就"不能碰"的含义，不妨让宝宝稍微接触一下热杯子，以明了什么是"烫"。宝宝有了这次直接的体验，就会记住了。

视听联想法

教宝宝辨识危险还可以采用视听联想法。比如，每当你在宝宝面前使用剪子、刀子和针等锐利物品时，就要告诉宝宝，这个东西不是玩具，会扎破手的，只有父母才可以用。同时，你还可以假装用手指去碰剪刀的尖端，然后喊一声："哎哟！"迅速把手指缩回，并做出痛苦的表情。宝宝根据所听到的和看到的情景，就会联想到剪刀是个危险的东西。采取这样的方法，多换几样危险的物品，慢慢地宝宝就会提高辨识危险的能力了。

健康与安全

❀ 宝宝的大便有时稀软

在这个月里，有的宝宝大便次数较为正常，一般每天1～3次，但有的妈妈发现宝宝的大便有时稀软，认为可能是添加的辅食出了问题，就停用一切代乳食品，而只喂牛奶或只给母乳吃。其实，这种做法大可不必。

宝宝的大便状况与每个宝宝的生活习惯、肠道的功能或食物有关。当宝宝出现大便稀软时，可能是这几天比平时多给宝宝喂了粥、面条或者面包之类的食物。只要宝宝不发热，情绪很好，食欲也很正常，与平时相比也没什么变化，那就不用担心。

❀ 消除宝宝触电的隐患

现在的家庭，小型家用电器越来越多，为了防止爱动的宝宝发生意外触电，父母一定要提高警惕，消除宝宝触电的一切隐患。

为了宝宝的安全，家中的所有小型电器，在不使用时或使用完之后都必须切除电源。平时要将所有的小型家用电器，如吹风机、电熨斗、烫发器、电动剃须刀和小型电热毯等都存放在安全的地方。因为这个月的宝宝已经有了初步的观察力和模仿力，如果宝宝学着父母的样子，拿到什么电器并将插头往插座上插，就可能发生触电。如果在宝宝能够得着的地方设有插座，最好换个地方，如果不能换地方可以用宽胶带把插座粘住。

第九章
33～36周宝宝完美养护

33～36周宝宝身体发育对照表

性　别	身　高	体　重	头　围	胸　围
男宝宝	67.9～77.5厘米	7.3～11.4千克	43.0～48.0厘米	41.6～49.6厘米
女宝宝	66.5～76.1厘米	6.8～10.7千克	42.5～46.9厘米	40.4～48.4厘米

第33周

日常护理

选择合适的学步鞋

宝宝的鞋子最好选择鞋底稍硬的软底布鞋或粗毛线编织的鞋。鞋底应柔软，防水性强，鞋帮要稍稍硬一些，以保护宝宝的踝关节。最好选有鞋带的鞋，以便及时调整鞋子的大小。

宝宝刚刚学步，选鞋时一定要注意尺寸合适。如果鞋子太小，可能会挤压宝宝的脚，影响脚部血液循环，甚至使脚形发生异常变化，同时也会影响宝宝的走路姿势。

如果鞋子太大，宝宝一活动鞋子就会掉下来，容易摔倒。所以，大小适宜的鞋应该是宝宝穿上鞋站起来时，脚尖前有半个拇指大小的空间。

1周
2周
3周
4周
5周
6周
7周
8周
9周
10周
11周
12周
13周
14周
15周
16周
17周
18周
19周
20周
21周
22周
23周
24周
25周
26周
27周
28周
29周
30周
31周
32周
33周
34周
35周
36周
37周
38周
39周
40周
41周
42周
43周
44周
45周
46周
47周
48周
49周
50周
51周
52周

❀ 不要用乳汁涂抹宝宝的脸

在传统的育儿经验中，有"将乳汁涂抹在宝宝的脸上，可使宝宝的皮肤嫩白细腻"的说法，但现在认为这种观点是不科学的。

尽管母乳含有丰富的营养，是宝宝的最佳食品，但乳汁容易因细菌生长繁殖而变质，加上宝宝的肌肤非常娇嫩，血管也极其丰富，如果将乳汁涂抹在宝宝的脸上，乳汁中的细菌就会从毛孔侵入，使宝宝面部的皮肤产生红晕，红晕可能变成小疱甚至化脓。如果不及时治疗，还会因溃烂而形成瘢痕，影响宝宝的容貌。

所以，注意保持宝宝的皮肤清洁很重要。如果宝宝的皮肤确实有些干燥，妈妈可以为宝宝选用一些不含刺激性成分的婴儿专用护肤品。

喂养要点

❀ 乳汁不再是宝宝的主食

第9个月是宝宝生命历程中的一个比较重要的阶段，因为在这个月乳汁将从宝宝的主食变为辅食。而原来的各种辅食，就变成了宝宝的主食。而且，随着食物结构的变化，也带来了宝宝身体的某些不适应。让宝宝尽快适应这个变化是父母这一阶段最重要的工作。

❀ 宝宝饮食调理的注意事项

从第9个月开始，妈妈要逐渐将喂奶的次数减少1次，每天保证600毫升奶，然后增加辅食的喂食量和种类，要多做些肉末、菜末、土豆、白薯等含糖较多的根茎类食物。

宝宝的中餐、晚餐以辅食为主。注意不要给宝宝喂食以下食物：元宵、粽子等糯米制品；肥肉、巧克力等不易消化的食品；花生、瓜子、炒豆、果冻等易误入气管的食品；咖啡、浓茶、可乐等对肠胃刺激性较强的饮料。第9个月的宝宝不用喂果汁了，可以直接吃番茄、橘子、香蕉等。苹果可以切成片状，让宝宝自己拿着吃；草莓可以磨碎了吃。总之，要没有块状物才可以给宝宝吃。点心类主要以软的为主，如面包、蛋糕等，但注意仍然不能给宝宝糖块吃。

一般来说，给宝宝进行饮食调理，主要有以下几点：

常给宝宝吃胚芽食物。谷类胚芽有很高的营养成分。将胚芽混在宝宝的食物当中，不仅可使食物中含有丰富的维生素、矿物质以及蛋白质，而且可以培养宝宝对此口味的喜好，等宝宝长大后，这有助于宝宝选择营养丰富的食品。

少给宝宝吃甜食。越晚给宝宝吃甜食越好，有时宝宝甚至还喜欢食物的原汁原味。

多让宝宝吃蔬菜。偶尔喂宝宝一些果制饼干、蛋糕，注意不要成为每天的例行饮食。

停止给宝宝喂泥状食物。第9个月的宝宝可以开始吃一些粗颗粒的食物，他们越来越喜欢用牙齿去咀嚼食物。这对于摄取多种的营养成分以及对宝宝牙齿的发育，有很大的影响。

宝宝辅食少用盐。因为宝宝现在是以吃辅食为主，而食物本身已经含有天然盐分，宝宝并不需要多余的盐，所以妈妈在准备宝宝的食物时注意别再放盐，以免造成宝宝口味太重。

体能和智能

继续加强基础体能训练

站是走的前驱性动作，宝宝学会站立以及走之后，活动量就会比学习站立以前增加好几倍。为了使宝宝各个部位的肌肉能够承受这么大的活动量，在这个月仍然需要继续进行以下体能基础训练：

仰卧起坐训练

仰卧起坐适合妈妈或爸爸与宝宝一起进行。训练时，让宝宝仰卧，妈妈或爸爸拉着宝宝的双手，先让宝宝坐起，然后再拉着宝宝的手顺势让宝宝躺下，如此重复进行，可以增强宝宝腹部和背部的肌肉力量。

弹跳站立训练

妈妈或爸爸坐下来之后，先从宝宝腋下将其抱起，让宝宝在妈妈或爸爸腿上弹跳，以促进宝宝腿部的伸展。之后，可让宝宝站在桌子或茶几前，再把宝宝喜爱的玩具放在上面，让宝宝站着玩玩具，借此训练宝宝腿部的耐力及稳定性。但要注意的是，桌子或茶几的高度最好要和宝宝的高度相适宜。

弯腰拾物训练

进行站立训练之后，可以进一步进行弯腰拾物训练。大部分的宝宝到了这个时期都会爬行，最初只是以手挂地、弯曲膝部，以匍匐的方式向后退，但这时候已经能往前进，但尚无法完全匍匐前进，必须扶住宝宝的腰部，增加双手、双脚的力量才能前进。

❋ 多给宝宝听欢快的音乐

到了这一时期，宝宝的听力和视

1周
2周
3周
4周
5周
6周
7周
8周
9周
10周
11周
12周
13周
14周
15周
16周
17周
18周
19周
20周
21周
22周
23周
24周
25周
26周
27周
28周
29周
30周
31周
32周
33周
34周
35周
36周
37周
38周
39周
40周
41周
42周
43周
44周
45周
46周
47周
48周
49周
50周
51周
52周

力都已经相当发达，对音乐也已经有了自己的感觉，并能对所听到的欢快的音乐表现出很感兴趣的样子，有时还能随着节奏手舞足蹈。所以，在这一时期，妈妈最好能为宝宝准备一些乐器玩具，比如能够击打的小木琴、一捏就唱的娃娃，以此提高宝宝对音乐的兴趣。

健康与安全

❀ 扁平足产生的原因

9个月的宝宝，全身胖乎乎的十分可爱，尤其是宝宝的双手和双脚，胖得都有肉窝。父母总愿意摸一摸，看一看，却发现宝宝的脚底是平的，不知道是什么原因，担心今后长大了是否是扁平足。

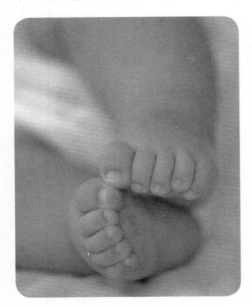

其实，宝宝平的脚底板并非例外，而是常态。原因很多：一是由于宝宝还没开始走路，脚底的肌肉还没有发展成弓形；二是宝宝的脚底有一层厚厚的脂肪，使得形状更不易显出来，尤其是较胖的宝宝就更不容易看出来了；三是当宝宝开始学步时，会将两脚分开以求平衡，从而加了更多的重量在脚掌上，使得脚底部呈平坦状。一般来说，大多数宝宝会随着发育成熟而出现脚底应有的弧度，只有少数宝宝例外，但此时还不能够看出宝宝将来是不是扁平足。

❀ 宝宝牙齿长得慢和遗传有关吗

大多数的宝宝在9个月的时候，就已经长出3～5颗牙了，但也有宝宝一颗牙齿也没长出来。为此，父母很担心，为什么自己的宝宝与别的宝宝不一样呢？其实，宝宝的牙齿，有的会出得早一些，有的会出得晚一些，时间跨度在3～12月。9个月的宝宝没长出一颗牙，父母也不必为此担心。但为什么宝宝出牙有早有晚呢？这与遗传有关，与智力和发育无关。即使宝宝没出一颗牙，父母也不能因此延缓宝宝吃比较硬的食物。因为在臼齿长出来之前，大多数咀嚼都是靠牙龈来完成的。

第34周

日常护理

❋ 宝宝睡前哭闹怎么办

由于这个时期的宝宝对妈妈十分依恋，甚至在睡觉时也不愿让妈妈离开。所以，有的宝宝在睡觉时，一看见妈妈要离开就哭。如果出现这种

情况，妈妈可以再返回宝宝的卧室，当确定一切都没问题时，轻轻地亲吻宝宝一下，然后马上离开。一般情况下，大多数宝宝都能止住哭声而慢慢入睡。但是，他们已经懂得如何把妈妈唤回卧室，如果妈妈离开，宝宝也许是一再地爬起来大哭，也许是一边哭，一边大声地呼喊："妈妈！"如果此时你满足了宝宝的愿望，再次出现在宝宝身边的时候，宝宝就不会像上次那样容易安抚了，甚至在你再次离去时会变本加厉。所以，这时最好的办法可能就是任宝宝哭上一会儿了。妈妈的完全远离，远比过分迁就的效果要好得多。经过几次后，宝宝就会学会自己重新躺下，自己好好睡觉。

❋ 宝宝哭闹不能塞空奶头

有的宝宝会在吸完奶，妈妈拔出奶头的一瞬间哭闹不止，为了使宝宝不再哭闹，有些妈妈就将空奶嘴塞到宝宝嘴里让宝宝继续吸，大多数

1周
2周
3周
4周
5周
6周
7周
8周
9周
10周
11周
12周
13周
14周
15周
16周
17周
18周
19周
20周
21周
22周
23周
24周
25周
26周
27周
28周
29周
30周
31周
32周
33周
34周
35周
36周
37周
38周
39周
40周
41周
42周
43周
44周
45周
46周
47周
48周
49周
50周
51周
52周

宝宝发现嘴里又有奶嘴，就会停止哭闹，"有滋有味"地吮吸起来，以后只要有这种现象，妈妈就用这种办法使宝宝不再哭闹。其实，这样做坏处很多。

一是由于宝宝长时间吮吸空奶嘴，易使上下前牙变形，造成宝宝牙齿排列不齐。

二是吮吸空奶嘴会引起条件反射，促进消化腺分泌消化液，等到宝宝真正吃奶时，消化液则供应不足，影响食物的消化、吸收，同时也影响宝宝的食欲。

三是吮吸空奶嘴会将大量的空气吸入胃肠道中，引起腹胀、食欲下降等一系列消化不良的症状。

四是如果吮吸的空奶嘴没很好地消毒，还会引起一些口腔疾病，如鹅口疮等。

五是长期吸空奶嘴还会使宝宝养成恋物癖，即养成了只要不给他空奶嘴，就哭闹。

喂养要点

解决断奶后的不适症状

宝宝在断奶的过程中出现不适应症状后，父母要有一个科学合理的解决办法，具体要做好以下3个方面的工作：

循序渐进，辅食逐渐多样化

给宝宝添加辅食时，要采取逐步增加的原则，每天最多1～2种，而且还要注意观察宝宝吃后的反应，如宝宝没有不适，可以再增加新辅食。注意在宝宝身体不舒服的时候，千万不要强迫宝宝进食新食物。可以通过改变食物的烹调方法来增进宝宝的食欲，使宝宝对新的食物感兴趣。在宝宝不愿意吃辅食的时候就拿开，但这并不等于不给宝宝吃，中间不要喂宝宝任何其他食物，等宝宝饿了时，就会吃了。每次的量不要多，少食多餐。

不要半途而废

既然已经开始给宝宝断掉母乳

了，就要坚持下去，坚持很重要。即使宝宝出现不适应症状时，也不要因为宝宝哭闹就拖延断母乳的时间或半途而废。在这种情况下，父母应对宝宝进行情绪上的安抚，多抱抱宝宝，跟宝宝说说话、做做游戏，陪在宝宝身边，等宝宝情绪稳定了，就会逐步接受断乳的事实。

用餐具喂宝宝

让宝宝习惯用餐具进食，即使喂流质食物也用餐具，如将母乳或果汁放入小杯中用小勺喂宝宝。当宝宝习惯于用勺、杯、碗、盘等器皿进食后，会逐渐淡忘以前在妈妈怀里的进食方法，并且也很乐意接受新的食物了。

如果宝宝出现比较严重的症状，如身体发育迟缓、情绪焦虑等，应及时找医生诊治，千万不可掉以轻心。

体能和智能

宝宝室内爬行训练

第9个月的宝宝腹部基本可以完全离开地面，用手和膝盖爬行，再大一点，宝宝还可以两臂和两脚都能伸直，完成用手和脚爬行的动作。

为了增强宝宝的体力，为以后的站立和行走打下良好的基础，爸爸妈妈一定要充分利用家中条件，经常和宝宝一起做做爬行的游戏，可以参考以下有趣的游戏：

轮流追逐游戏

游戏时，先让宝宝在前面爬，妈妈假装在后面抓宝宝，并在后面说："快抓住你了，宝贝，快爬！"也可

1周
2周
3周
4周
5周
6周
7周
8周
9周
10周
11周
12周
13周
14周
15周
16周
17周
18周
19周
20周
21周
22周
23周
24周
25周
26周
27周
28周
29周
30周
31周
32周
33周
34周
35周
36周
37周
38周
39周
40周
41周
42周
43周
44周
45周
46周
47周
48周
49周
50周
51周
52周

以换妈妈在前面爬,让宝宝在后面追妈妈,并用话语激宝宝:"宝宝,快来抓妈妈呀!"并有意慢慢爬,好让宝宝抓住妈妈。等宝宝抓住妈妈后,一定要给予表扬和爱抚。

爬行比赛游戏

游戏时,可以在毯子的一头放一个宝宝喜爱的玩具,然后妈妈或爸爸和宝宝同时从毯子的另一头开始爬,比赛看谁先拿到玩具。

军训游戏

和宝宝做爬行游戏时,可以仿照军训的科目设置各种有趣的爬行游戏。妈妈或爸爸弓起身子趴在毯子上,让宝宝从妈妈或爸爸的肚皮底下爬过去的"钻山洞"游戏;或者妈妈或爸爸躺在毯子上,让宝宝把妈妈或爸爸的身体当做障碍物,做"突破封锁线"的游戏。

✿ 及时鼓励宝宝

第9个月的宝宝已能听懂妈妈常说的赞扬话,并且喜欢被表扬。在宝宝为家人表演某个动作或做游戏做得好时,如果听到妈妈的喝彩称赞,宝宝就会表现出兴奋的样子,并会重复原来的动作,这就是宝宝初次体验成功和欢乐的一种外在表现。所以,宝宝取得每一个小小的成就,妈妈都要及时给予鼓励,从而不断地激发宝宝探索的兴趣,帮助宝宝活跃大脑和促进智力发展。

健康与安全

结膜炎的护理

卡他性结膜炎是一种过敏性眼病，主要是由于灰尘、花粉和阳光等刺激宝宝眼睛而引起过敏反应的表现。其症状有：

红眼睛——宝宝看起来眼睛红肿，还伴随有流眼泪。

眼睛痒——因为痒，宝宝会不停地用小手揉眼睛。

眼屎多——眼屎明显比平时多，为透明黏稠的分泌物。

眼睛疼——由于眼睛疼痛，宝宝会不停地哭闹，严重的情况下还会影响视力。

宝宝出现这些症状后，父母要做以下护理：

找出原因

切断过敏源。首先带宝宝去医院，在诊治过程中，仔细查找原因，一旦知道病因后，就应马上避免再接触，切断过敏源。

准备专用毛巾

宝宝使用的毛巾、手帕要分开，每次使用过后要用开水煮5~10分钟。

眼部冷敷

用凉毛巾或冷水袋给宝宝做眼部冷敷。避免热敷，因为热敷会使局部温度升高，血管扩张，致使分泌物增多，症状加重。

点眼药水

为宝宝点眼药水时，要先安抚好宝宝，让宝宝仰卧，脸向上，这样才能保证眼药水可以在结膜内停留。但是眼结膜的间隙很小，再加上眼皮不停地眨动，眼药水只能停留很短时间，所以一定要按照医生叮嘱的次数勤滴眼药水，不要擅自减量，这样才能发挥眼药水的作用。涂药膏也是一样的，为了避免影响宝宝看东西，一般多在睡前涂眼药膏。

1周
2周
3周
4周
5周
6周
7周
8周
9周
10周
11周
12周
13周
14周
15周
16周
17周
18周
19周
20周
21周
22周
23周
24周
25周
26周
27周
28周
29周
30周
31周
32周
33周
34周
35周
36周
37周
38周
39周
40周
41周
42周
43周
44周
45周
46周
47周
48周
49周
50周
51周
52周

第35周

日常护理

让宝宝尽快入睡

到了第9个月的时候，有的宝宝不像以前那样能很快入睡了，宝宝好像总也玩不够，完全没有要睡觉的意思。如果宝宝有上述情形，父母就有必要下点儿工夫让宝宝尽快入睡了，否则会导致宝宝睡眠不足，不仅影响身体正常发育，而且也容易使宝宝形成不稳定的性格。

如果白天睡不够，或者晚上睡得太晚，就说明宝宝的作息时间不正常。一般情况下，没得到充足睡眠的宝宝通常很难入睡，而且夜里容易醒

来，白天也表现出精神不佳的状态。要想使宝宝能尽快入睡，以下具体方法可供参考：

方法一

先让宝宝吃饱，再换个尿布，也可以让宝宝玩一玩安静的游戏或是帮助宝宝放松精神。最后，让宝宝在光线暗的卧室里躺下，就会很快入睡的。

方法二

给宝宝换好尿布后，就让宝宝躺在床上。妈妈或爸爸可以柔声地给宝宝讲个故事，也可以给宝宝放一段摇篮曲或给宝宝唱支轻柔的儿歌。

方法三

如果宝宝实在难以很快入睡，妈妈可以稍微抱抱宝宝，但绝不可让宝宝兴奋，如果宝宝一旦兴奋起来，想安静下来就没那么容易了。

方法四

适当增加白天户外活动时间，除了与人交往外，还应多到大自然中去，让各种动植物或其他的自然景观给宝宝以良好的感官刺激，使宝宝获得心理的安宁与美的享受。宝宝白天活动强度适当加大以后，晚上就可能很快入睡了。

■ 正确对待宝宝的安抚物

宝宝断奶后，由于再也不能躺在妈妈的怀抱里吃奶了，会从生理和心理上感到了巨大的失落，甚至还会产生不安全感。于是，宝宝便开始寻找过渡性的情绪依靠，也就是安抚物。对于宝宝的安抚物，父母要抱着理解的态度去对待，不要采取强迫态度。

由于安抚物随时在宝宝的身边，带有特殊的味道，因此妈妈在安抚物开始有味道以前，赶紧将它洗干净，否则宝宝可能会离不开那种味道胜于东西本身，到时假如把它洗干净了，宝宝反而会生气。

安抚物最好买两个，可以换洗，还可以防止弄丢。平时要经常告诉宝宝，等他长大了就不能用这种东西了，逐渐让宝宝有这种意识，方便日后宝宝舍弃安抚物。

1周
2周
3周
4周
5周
6周
7周
8周
9周
10周
11周
12周
13周
14周
15周
16周
17周
18周
19周
20周
21周
22周
23周
24周
25周
26周
27周
28周
29周
30周
31周
32周
33周
34周
35周
36周
37周
38周
39周
40周
41周
42周
43周
44周
45周
46周
47周
48周
49周
50周
51周
52周

喂养要点

发热时的辅食

正在停掉母乳的宝宝生病了，在这种情况下还能不能让宝宝吃辅食？其实，在宝宝病情不太严重的情况下，一部分辅食不仅可以吃，而且还有利于宝宝身体的恢复。比如苹果，把苹果去皮后磨碎，做成辅食，不仅味道可口，还易于消化、吸收，有利于宝宝疾病的好转；胡萝卜富含维生素A，可增强抵抗力；卷心菜含有植物纤维、维生素，以及大量水分、苏氨酸等，对正在成长的宝宝来说是必不可少的营养食品。

腹泻时的辅食

土豆易消化，所含的钾比大米要高出16倍，含有的维生素遇热后也不会被破坏，是宝宝很好的补益食品，对治疗腹泻有明显效果。准备胡萝卜半个、土豆1个、青菜适量、大米2大勺和海带汤2杯。把大米洗干净，浸泡3个小时左右。然后将胡萝卜、土豆去皮切成半月形，再把青菜切好，把米和菜放入锅里再倒入海带汤，一直煮到米烂为止。如果宝宝腹泻严重，应多加点水，煮成像米汤一样即可。

体能和智能

训练识别不同的态度

让宝宝从小就能识别或判断父母的不同表情，可以让宝宝领会父母的情绪和表情，明白什么该做什么不该做，借以提高宝宝对事物的观察和判断能力，增强宝宝的自我约束能力。

当宝宝使劲摔玩具或要撕坏一本完好的书时，父母就可以皱起眉头盯着宝宝看，板起脸来用"严厉"和"不高兴"等面部表情来阻止宝宝的这种行为，然后观察宝宝是否领会了父母的情绪而停止行动。如果宝宝没有领会，父母就应该把玩具拿过来放到自己身后，或者把书从宝宝手中拿过来并说明理由。当宝宝向父母要玩具或书，而父母不给宝宝时，父母再重复做上述表情，宝宝慢慢就领会了。

✿ 感知简单的生活常识

这个月龄的宝宝，常常喜欢把手中的东西往地上扔。父母可以借机教宝宝感知一些简单的生活常识。

游戏一

在地毯上放一块木板，然后拿一辆玩具汽车让宝宝在上面推动，再把玩具汽车放到地毯上让宝宝推动。重复几次这种在不同物体的表面上推动玩具汽车的体验之后，宝宝就会发现，在木板上推动玩具汽车很容易，在地毯上推动玩具汽车就比较费力，于是宝宝就可能放弃在地毯上玩玩具汽车了。

游戏二

在给宝宝洗澡时，同时准备一个木制的小船和一辆铁制的玩具小汽车，先让宝宝把小船放到浴盆的水面上，小船会漂浮在水面上，而将小汽车放到浴盆的水面上时，小汽车就会沉到水底。反复几次，宝宝就会明白什么可以在水面上玩，什么不可以。

这些游戏中简单的生活常识，可以激发宝宝探索外部世界的兴趣，从

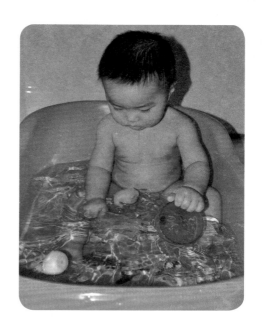

而促进宝宝的思维能力的发展。

健康与安全

✿ 注意会爬宝宝的安全问题

9个月的宝宝一旦学会了独立爬行，就会在床上、地板上、沙发上甚至角角落落，到处爬来爬去。这时，父母千万要注意宝宝爬行时的安全和卫生。家里要重新布置，地板要打扫干净，铺上地毯或棉垫之类的东西。由于这个月的宝宝活动能力不断增强，活动范围也在逐渐扩大，因此针对宝宝已经学会站立的实际情况，还要注意宝宝活动场所的安全。如果有

1周
2周
3周
4周
5周
6周
7周
8周
9周
10周
11周
12周
13周
14周
15周
16周
17周
18周
19周
20周
21周
22周
23周
24周
25周
26周
27周
28周
29周
30周
31周
32周
33周
34周
35周
36周
37周
38周
39周
40周
41周
42周
43周
44周
45周
46周
47周
48周
49周
50周
51周
52周

桌子，最好不要在桌子上铺设垂落于桌面以下的桌布，以免宝宝独自站在桌子旁边时，拉动桌布而扯下桌面上的东西造成危险。在宝宝的活动场所最好不要放置冰箱，以免宝宝去开冰箱的门而导致发生危险。在选择电扇时，最好选择加装了安全防护设计的电扇，比如当宝宝一碰，电扇就会停止的那种，如果是普通电扇，应加装较细间隔的防护网，以防好奇的宝宝将手伸到电扇中而发生危险。另外，要使床远离窗户，防止宝宝爬上窗台，并且窗户应安装护栏。所有家具的尖角要用海绵或布包起来，药品、刀剪、笔也不要放在宝宝能够抓到的

地方。

▓ 预防果冻引发宝宝窒息

有些父母喜欢给宝宝吃果冻，但宝宝如果边玩边吃，会不慎将果冻吸入气管内易发生危险。一旦出现这种情况，父母需要迅速采取急救措施：

立即抓住宝宝两腿，将宝宝倒提，头向下，在背部的肩胛之间拍打几下。再让宝宝仰面躺下，用力拍打胸骨之间5次。重复数次，直到吐出果冻为止。如果无法取出果冻，应立即将宝宝送往医院。

第36周

日常护理

✿ 白天的睡眠减少

随着宝宝肢体运动能力的进展，越来越多的外界事物也吸引着宝宝，不少宝宝突然之间减少了白天睡眠的时间，原来白天睡两次的宝宝，现在只睡一次了，这样的睡眠时间正常吗？

其实，睡眠时间的多少并不重要，重要的是宝宝是否需要。在这个阶段，有少数宝宝甚至白天完全不睡；有的是两次减为一次（而且通常减少了早上那一次，也有些宝宝则是

减少了下午那一次）；但也有的宝宝还始终保持白天要睡两次。无论是以上哪种情况，只要不影响宝宝晚上的睡眠都是正常的。所以，父母要观察宝宝白天的反应，如果宝宝白天表现精神不佳，也不愿与父母合作，就应该让宝宝适当补充睡眠。如果宝宝没有上述状况，父母就不要过于担心。

✿ 别给宝宝玩手机

使用手机时电磁波可以进入大脑，因为使用手机时，人体成了天线的一部分。在相同条件下，宝宝受到手机电磁波的伤害比成人大，因为他们头小、颅骨薄。

宝宝大脑吸收的辐射相当于成人的2～4倍。专家认为，手机的电磁场会干扰中枢神经系统的正常功能。宝宝正处于中枢神经系统的形成和发育期，常用手机肯定会影响大脑的发育，同时，宝宝的免疫系统尚未彻底形成，手机辐射也会影响到宝宝自身的免疫能力。

1周
2周
3周
4周
5周
6周
7周
8周
9周
10周
11周
12周
13周
14周
15周
16周
17周
18周
19周
20周
21周
22周
23周
24周
25周
26周
27周
28周
29周
30周
31周
32周
33周
34周
35周
36周
37周
38周
39周
40周
41周
42周
43周
44周
45周
46周
47周
48周
49周
50周
51周
52周

喂养要点

宝宝的饮食搭配

宝宝断乳后，谷类食品就成为主食，因为热量的来源大部分依靠谷类

食品提供。因此，宝宝的膳食安排主要以米、面为主，同时搭配动物食品及蔬菜、水果、禽、蛋、鱼和豆制品等。在食物的搭配制作上要多样化，经常更换花样，可以选择包子、饺子、馄饨、馒头和花卷等，以提高宝宝的食欲和兴趣。

呕吐时的辅食

萝卜对于酵母菌引发的消化不良现象及消化器官未发育完善的婴儿有着极其重要的作用。把萝卜、糯米做成辅食，能有效地治疗宝宝发热后出现的呕吐或干呕症状。大米1大勺、糯米1大勺、萝卜汁1/3杯和水1杯半。把洗净的萝卜、大米和糯米，放水中浸泡30分钟；萝卜榨汁。将泡好的大米和糯米放入锅里，加入萝卜汁和水，用小火煮开；等米和糯米焖熟后，把汤凉好，盛汤给宝宝喝。

出疹时的辅食

菠菜性凉味甘涩，能有效地治疗出疹，不会产生过敏性反应，可以放心地给出疹的宝宝吃。准备面粉1/3杯、菠菜2棵、西红柿半个、大葱少许和肉汤2/3杯。先把面加水和好后放30分钟；再将菠菜在开水中焯好，切成2～3厘米长，然后切葱花。把肉汤倒入锅里，放上菠菜、西红柿、葱花一直煮到开锅。然后将和好的面擀

薄，先切成2厘米宽的条状，然后再揪成小面片儿放入锅里，稍煮片刻，即可食用。

体能和智能

教宝宝学说话

爸爸妈妈听到宝宝说话是多么令人激动的事情啊！开始宝宝可能只会说一个字，然后发展为两三个字，接着是能说两三个字组成的句子。这时，父母应注意自己说话要比以往任何时候都要清楚，且说话简洁，意思明确。例如："我们洗洗手吧，是吃饭的时候了。"而不要说成："因为我们过5分钟后就要吃饭了，是我们该洗手的时候啦。"宝宝跟你说话，你回答时要根据他所说的加上几个词。宝宝可能说的是："爸爸，吃。"这时你可以重复为："对啦，爸爸和你一起吃饭啦！"或者说："爸爸吃饭了。"

感受大自然

这个时期由于宝宝的心理活动发展得很快，已经出现了认生、害羞、兴奋和烦躁等各种情绪反应。根据这些心理发展特征，爸爸妈妈除了日常护理和与宝宝做各种游戏之外，还应多带宝宝到郊外活动，使宝宝呼吸到大自然的气息，培养宝宝稳定的情绪和美好的情感，为以后形成良好的性格奠定基础。

健康与安全

正确看待宝宝大便异常

第9个月的宝宝有时会排出外形奇怪的大便，有的像沙子；有的红红的像胡萝卜或胡萝卜汁；有的像黑色

1周
2周
3周
4周
5周
6周
7周
8周
9周
10周
11周
12周
13周
14周
15周
16周
17周
18周
19周
20周
21周
22周
23周
24周
25周
26周
27周
28周
29周
30周
31周
32周
33周
34周
35周
36周
37周
38周
39周
40周
41周
42周
43周
44周
45周
46周
47周
48周
49周
50周
51周
52周

的线；有的有深色的小异物像葡萄干；有的有浅绿色的小丸，像豌豆。宝宝之所以排出这些大便，一是由于咀嚼不完全，有的食物基本原样就被宝宝咽了下去；二是宝宝的消化系统尚未成熟，所以通常宝宝吃下的东西，都能保持原来的颜色及质地被排出。所以，在给宝宝吃一些较硬的食物，如葡萄干、玉米粒等，最好先碾碎再喂给宝宝。

沙状物的大便相当普遍。因为许多食物在经过消化系统后就是这个样子，尤其是燕麦制成的谷物等。造成大便颜色异常的不仅有天然食物，人工合成的东西也会出现这种现象，通常不要给宝宝吃这类食物。所以，父母看到宝宝排出外形奇怪的大便先别紧张，想想给宝宝吃过什么？如果找不出原因，就要带宝宝及时去医院诊治。

❈ 少带宝宝去公共场所

公共场所是各类传染病广泛传播

的地方，比如汽车站、火车候车厅和人群密集的商场或剧场等地方。那里的环境嘈杂，噪声大，空气又不新鲜。各种病原微生物、寄生虫卵都可能沾到手上，或吸入气管里。如带宝宝到这些公共场所，宝宝又喜欢到处看，到处摸，有时嘴里还不停地吃点什么。加之宝宝的免疫力又低，因此极易患上痢疾等肠道传染病、寄生虫病。

呼吸系统传染病，如上呼吸道感染、肺结核、流行性脑膜炎、腮腺炎和麻疹等都是通过飞沫在空气中传播的。越是人群密集的地方，含有病毒、细菌的浓度就越大，宝宝就越容易感染。如果宝宝长时间待在这种环境里，呼吸系统和循环系统都会受到影响，对宝宝的健康极为不利。因此，为了宝宝身体的健康，父母应少带宝宝到公共场所去。

第十章
37～40周宝宝完美养护

1周
2周
3周
4周
5周
6周
7周
8周
9周
10周
11周
12周
13周
14周
15周
16周
17周
18周
19周
20周
21周
22周
23周
24周
25周
26周
27周
28周
29周
30周
31周
32周
33周
34周
35周
36周
37周
38周
39周
40周
41周
42周
43周
44周
45周
46周
47周
48周
49周
50周
51周
52周

37～40周宝宝身体发育对照表

性　别	身　高	体　重	头　围	胸　围
男宝宝	68.9～78.9厘米	7.5～11.6千克	43.2～48.4厘米	41.9～49.9厘米
女宝宝	67.7～77.3厘米	7.0～10.9千克	42.7～47.2厘米	40.7～48.7厘米

第37周

日常护理

❀ 把握好生活节奏

　　这个月龄的宝宝室内外的活动越来越丰富多彩，除了按照宝宝的睡眠习惯安排睡好白天的睡眠之外，妈妈还要安排宝宝吃饭、外出、洗澡、喂奶、游戏、换衣服或尿布，直到晚上就寝等事项，最好制订一个作息时间表，每天都按时作息，这样不

仅可以有规律地做好每一件事，而且也会帮助宝宝养成有规律的生活习惯。

给宝宝选择衣服

这个月龄的宝宝，由于活动量比以前大，因此妈妈应该准备适合宝宝的衣服。下面几条原则可供参考：

柔软的面料

此时宝宝的衣服应该柔软、吸汗、安全、色彩艳丽明快、易洗而不褪色。一般来讲，腈纶织物或毛织品对宝宝的皮肤都有不同程度的刺激性，不宜选择。

得体的款式

这个月宝宝的衣着款式，总的原则是得体、简洁、宽松、安全等。上衣最好仍选择开襟式样，裤子仍需穿背带式样。背带裤能护着宝宝的肚子不受凉，背带裤的裤腰不宜过长，臀部裤片裁剪要简单、宽松，背带的宽度以3～4厘米为宜，裤腰松紧带应与腰围相适合，避免过紧或过松。

衣着要安全

给这个月的宝宝准备衣服，安全因素是必须想到的。尤其是内衣不宜有大纽扣、拉链、扣环、别针之类的东西，以防损伤宝宝的皮肤，或者被宝宝误食而发生危险。

喂养要点

饮食调节

进入第10个月的宝宝，如果能熟练地摆弄勺子，并且吃东西时能不完全依靠妈妈，自己能往嘴里送东西了，这就意味着宝宝已经到了断奶后期了。

断奶后期宝宝的饮食，开始时米和水的比例为1：5。经过1个月左右，宝宝慢慢适应了，可减少水的比例，米水比例可为1：2或1：3。刚开始给宝宝做的食物，几乎不调味，直接让宝宝体验食物本身原有的味道，以后可以在食物中加少量盐来调味，这样宝宝就会体验出各种食物的滋味，会更加喜欢吃断奶的食物。

如果宝宝也喜欢吃大人的饭菜，

1周
2周
3周
4周
5周
6周
7周
8周
9周
10周
11周
12周
13周
14周
15周
16周
17周
18周
19周
20周
21周
22周
23周
24周
25周
26周
27周
28周
29周
30周
31周
32周
33周
34周
35周
36周
37周
38周
39周
40周
41周
42周
43周
44周
45周
46周
47周
48周
49周
50周
51周
52周

也可以适当地让宝宝与大人一起吃，这样会增进宝宝的食欲，有助于消化。

宝宝辅食的添加

本月在为宝宝准备食物的时候，要制订出营养计划和营养安排，同时还要使食物营养丰富，品种齐全，在数量上也可以适当地有所增加。根据这个原则，应该给宝宝增添乳类、蔬菜类、水果类、面食类、海藻类食品，注意食品烹制方法要多种多样，以增进宝宝食欲。

体能和智能

增加爬行训练的难度

这个月的宝宝在进行爬行训练时，父母就要增加训练难度了。如果是在家里，可以用棉被或桌子等做成有一定坡度的爬行环境，让宝宝上下爬行，父母也可以和宝宝做爬行追逐

游戏，以刺激宝宝的兴趣，提高宝宝的爬行速度。如果到室外活动，可以在有坡度的地方和宝宝做上坡、下坡的游戏，或者让宝宝在凹凸不平的地方爬行。但应该注意的是坡度不要太陡，要认真清理场地，地上不仅要相对干净，而且不能有石块、水坑或其他容易伤及宝宝的东西，最好是在铺有细沙的场地上进行训练。

宝宝独自站立的训练

训练宝宝独自站立时，父母可以先让宝宝两条小腿分开，后背部和小屁股贴着墙，脚跟稍离开墙壁一点儿。父母可以用玩具逗引宝宝，宝宝就会因张开小手或想迈动脚步而晃动身体，从而锻炼宝宝腿部的力量和身体的平衡能力。父母也可以扶住宝宝的腋下帮助宝宝站稳，然后再轻轻地松开手，让宝宝尝试一下独站的感觉。父母还可以先扶住宝宝的腋下，训练宝宝从蹲位站起来，再蹲下再站起来，每天反复多次。

健康与安全

■ 宝宝易患的疾病

由于断奶，饮食习惯发生改变了，宝宝可能一时不太适应断奶后的生活，容易患一些疾病，具体如下：

营养不良症

宝宝的体重低于正常指数，精神委靡，日渐消瘦，面色和皮肤缺少光泽，而且面色较为苍白，食欲下降，大便溏稀，睡眠也不太踏实。这时候就要考虑宝宝是否患了营养失调症。引起营养失调症的主要原因是断奶饮食不当，方法不合理，偏食以及食物摄取量不足。

消化不良症

有时宝宝一旦习惯了断奶饮食和断奶期间的护理，有的妈妈就容易疏忽大意。饮食上任由着宝宝，造成宝宝饮食过量，同时又忽视餐具的消毒，导致宝宝消化不良。断奶时期宝宝的胃肠要消化许多种类的食品，而消化功能还远远赶不上成人，因此要精心照顾宝宝的饮食，给宝宝的饮食既要按时按量，又要容易消化，同时还要注意饮食和餐具卫生。

维生素缺乏症

维生素缺乏症也是一种营养失调症。由于此时宝宝以断奶饮食为主，减少了母乳或牛奶的摄取量，所以会在一定程度上导致维生素摄取不足。要想缓解宝宝维生素缺乏症，特别要注意的是，不要偏重给宝宝吃含碳水化合物多的主食类。要多给宝宝吃些副食品，而且种类要齐全、营养要丰富。

第38周

1周
2周
3周
4周
5周
6周
7周
8周
9周
10周
11周
12周
13周
14周
15周
16周
17周
18周
19周
20周
21周
22周
23周
24周
25周
26周
27周
28周
29周
30周
31周
32周
33周
34周
35周
36周
37周
38周
39周
40周
41周
42周
43周
44周
45周
46周
47周
48周
49周
50周
51周
52周

日常护理

不要给宝宝穿太多衣服

这个月龄的宝宝活动量大，容易出汗，因此衣服不要穿得太多，总的原则是和妈妈穿得差不多就行。如果宝宝的活动量较大，也可以比妈妈适当少穿一些。但是，由于每个宝宝的身体健康状况，以及妈妈的养育方法

不同，对每个宝宝穿衣多少很难有一个统一的规定。一般来讲，以下原则可供参考。

在春秋季节，可给宝宝穿毛衣、毛裤或绒衣、绒裤。在夏季，男宝宝可穿背心短裤，女宝宝可穿无袖连衣裙。在冬季，除了室内服装外，还应有外衣，外出时还要戴上帽子和手套，以免冻伤宝宝的手和耳。

总之，这个月龄的婴儿活动量较大，衣服不要穿得太多。如果宝宝在安静时身上也有汗，就说明穿的衣服多了，应适当减少一点。如果宝宝的手脚发凉，就说明衣服穿得不够，应适当再增加一点。通过感知宝宝手脚的温度，基本能判定穿得多与少，只要宝宝的手脚保持温热即可。

不宜给宝宝睡软床

这个时期的宝宝生长发育迅速，骨骼开始定型，特别是脊柱正在逐渐形成。但是，这个时期的宝宝，由于骨骼中的有机质含量多，无机质含量

相对较少，因此非常有弹性，也很柔软。如果经常让宝宝睡在比较软的床上，就会影响正常生理弯曲的形成，易形成驼背或漏斗胸，甚至还会影响腹腔内脏器的发育。所以，平时要让宝宝睡铺有棕垫的床，不要睡铺有海绵垫的床。此外，也不要让宝宝总是侧卧睡眠，否则还会造成脊柱侧弯。

喂养要点

❀ 宝宝一天食谱

在给宝宝安排食谱时，可以参考以下方案。

早上8：00　牛奶180毫升，面包2片。

上午10：00　水100毫升，饼干2块（或馒头片）。

中午12：00　米饭小半碗，鸡蛋1个，蔬菜适量。

下午3：00　牛奶180毫升，小点心1个，水果一点。

下午6：00　稀饭1小碗，鱼、肉末、蔬菜适量。

晚上9：00　鲜牛奶100毫升。

中午吃的蔬菜可选菠菜、大白菜、西红柿和胡萝卜等，切碎与鸡蛋搅拌后制成蛋卷给宝宝吃。下午加点心时吃的水果可选橘子、香蕉、草莓和葡萄等。

❀ 应该少吃的食品

这个月的宝宝已经到了断奶后期，饮食基本上都是以辅食为主。父母在为宝宝准备食物的时候，也有应该回避的食品。一般应回避的食品有以下几种：

1周
2周
3周
4周
5周
6周
7周
8周
9周
10周
11周
12周
13周
14周
15周
16周
17周
18周
19周
20周
21周
22周
23周
24周
25周
26周
27周
28周
29周
30周
31周
32周
33周
34周
35周
36周
37周
38周
39周
40周
41周
42周
43周
44周
45周
46周
47周
48周
49周
50周
51周
52周

某些贝类和鱼类

乌贼、章鱼、鲍鱼以及用调料煮的鱼贝类小菜、干鱿鱼等。

蔬菜类

牛蒡、藕、腌菜等不易消化的食物。

香辣味调料

芥末、胡椒、姜、大蒜和咖喱粉等辛辣调味品。

另外，大多数宝宝都爱吃巧克力、奶油软点心、软黏糖类、人工着色的食物和粉末状果汁等食品，这些食品吃多了对宝宝的身体不好，因此，都不宜给宝宝多吃。

体能和智能

手部技能与全身运动配合训练

宝宝的手指越来越灵活，控制能力也越来越好了。宝宝能用两只手握住杯子，或者自己拿勺子进食，虽然食物撒得很多，但宝宝毕竟能把小勺放到自己的嘴里了。宝宝还能把抽屉开了又关上，并会开启瓶盖。当妈妈和宝宝一起看书时，妈妈翻书，宝宝也跟着翻，尽管宝宝往往一翻就是好几页，但毕竟宝宝的手指能够把纸页翻起来了，这也是一个不小的进步。

能使宝宝手部运动和全身运动相配合的最好方式是室内球类游戏。比较适合这个月龄宝宝的球类游戏可以参考以下两种：

踢球游戏

父母可以把一个皮球悬挂在宝宝面前，让宝宝靠着栏杆站立，鼓励宝宝用脚去踢皮球，皮球悬起的高度应让宝宝轻轻一抬脚就可踢到，等踢得熟练之后，再慢慢把高度提高。如果宝宝踢得很好、很准或很有力，父母要及时给予表扬和鼓励。

击球游戏

在做击球游戏时，可以让宝宝坐在床上或地板上，在宝宝前面放一个皮球，父母先用小木棒轻轻地击球给宝宝看，然后将皮球再拿回宝宝面前，并把小木棒交给宝宝，一边说"宝宝，把球打出去"，一边指导宝宝击球。

如果宝宝不知道怎样做，父母还可以手把手地教宝宝。当宝宝学会了之后，父母可以也拿一个小木棒，与宝宝对击。

让宝宝听听自己的声音

准备一台录放机、一盘空白磁带或利用手机，录下宝宝的声音以及你和宝宝交谈的声音。然后把声音放出来，观察宝宝的反应。有些宝宝一听

到声音就变得十分活跃、激动，并发出兴奋的声音，而另一些宝宝却显得十分平静。大一点儿的小宝宝还会按一按录音机的按钮，对放录音磁带感到很有趣。

健康与安全

宝宝撞头摇晃的原因

这个时期，有些宝宝时不时地在墙上、在婴儿车上或者在某一个地方，出现用头撞东西，或摇头晃脑的举止。导致这种现象有几种主要的原因。

宝宝想模拟父母抱着他摇晃时的

1周
2周
3周
4周
5周
6周
7周
8周
9周
10周
11周
12周
13周
14周
15周
16周
17周
18周
19周
20周
21周
22周
23周
24周
25周
26周
27周
28周
29周
30周
31周
32周
33周
34周
35周
36周
37周
38周
39周
40周
41周
42周
43周
44周
45周
46周
47周
48周
49周
50周
51周
52周

感受，通常在没人抱的时候就会发生撞头摇晃的现象。

长牙的宝宝是因为疼痛，而用撞头摇晃来缓解痛楚。通常等牙齿长出后，宝宝便会停止这种性质的晃动，除非是已经成为习惯。

宝宝在上床睡觉时，或是半夜醒来时会有此行为，这样的活动有助于宝宝入睡。

宝宝在断奶、学步、换保姆后出现这种现象。这样的行为可能会因宝宝生活中某些外加压力而增强。

性格急的宝宝也会发生撞头现象。

一般而言，摇头晃脑约始于6个月。用头去撞东西则大概到9个月开始。这种习惯持续时间有长有短，少则几周、几个月，多则甚至一年以上。但大多数的宝宝会在3岁之前自动停止这些动作。

撞头摇晃的解决方法

对有这种行为的宝宝，父母千万不能采取打骂的办法，这不仅无益于解除问题，反而会使问题更严重。摇摆震荡本身对宝宝的健康并无损害，也与神经或心理上的异常完全扯不上关联。只要宝宝平时很快乐，生气时也不会猛撞墙，就不要担心。但假设宝宝绝大多数时间在做这些动作，还加上其他某些异于平常的举止，如发育迟缓，或者总是不快乐，就需要去医院了。为帮助宝宝渡过这段时期，父母要做好以下几方面的事情：

多给宝宝一些关爱

白天也好，上床时间也好，多为宝宝提供一些有节奏性的活动。如抱着宝宝一起坐在摇椅上，或教宝宝自己坐儿童专用椅。给宝宝一些玩具乐器，甚至仅仅一个汤匙加上一个水壶，宝宝便能敲出声音。让宝宝坐秋千，陪宝宝玩拍手或做其他的手指游戏。

白天尽兴地玩

如果宝宝用头撞东西，大部分是发生在婴儿床中，就别太早放宝宝进去，等宝宝很困倦时再放进去。

上床入睡前要有足够时间让宝宝平静下来。建立一套睡前仪式（静态的游戏），比如拥抱、抚摸，轻微地一些摇晃（但不能摇到其入睡）。

为防止宝宝在小床里又蹦又跳，或者撞来撞去受伤，在宝宝的小床下面最好铺一块厚厚的地毯，让小床远离墙壁或其他家具，可能的话，周围加上一些垫子以缓和万一造成的撞击。

第39周

日常护理

✿ 带宝宝外出的注意事项

这个月的宝宝有了主动外出活动的要求。如果天气好，妈妈最好每天都要带宝宝进行室外活动。宝宝

每天户外活动的时间不应少于2个小时，每天户外活动可以分次进行，每次活动的时间不必太长。但是，每个宝宝的活动时间要根据气温和宝宝当时的情况而定，体弱的宝宝活动时间可以相应短一点。春秋季上午和下午都可以进行户外活动；夏季可选择在

1周
2周
3周
4周
5周
6周
7周
8周
9周
10周
11周
12周
13周
14周
15周
16周
17周
18周
19周
20周
21周
22周
23周
24周
25周
26周
27周
28周
29周
30周
31周
32周
33周
34周
35周
36周
37周
38周
39周
40周
41周
42周
43周
44周
45周
46周
47周
48周
49周
50周
51周
52周

早晚进行户外活动；冬季气温低，应适当减少外出活动时间，可以选择中午活动，尽量选择在太阳下的避风处活动。

不要经常把尿

10个月大的宝宝，每天只换2次尿布的是少数，如果天气变冷了，宝宝小便的次数会更多。如果父母像闹表一样，准确地每隔1个小时就让宝宝小便1次，不仅会使宝宝产生厌烦情绪而反抗，而且会造成宝宝精神过分紧张，往往会使尿的间隔越来越短。所以，父母通常可以每隔1个小时或1个半小时看一看尿布，如果没尿湿就把一下。随着宝宝逐渐长大，慢慢就学会主动告诉父母小便了。

喂养要点

训练宝宝自己进餐

9～10个月的宝宝，有了很强的独立意识，吃饭时总想自己动手摆弄餐具，父母千万不要放过这个大好时机。因为这个时候，正是训练宝宝自己进餐的好时机。对食物的自主选择和自己进餐，是宝宝早期个性形成的一个标志，而且对锻炼协调能力和自立很有帮助。

吃饭前，妈妈最好在地上铺上一块塑料布，以防宝宝把汤水洒在地上。然后把宝宝放在专用的椅子上，并给宝宝戴上围嘴，但不要忘记将宝宝的小手洗干净。开始吃饭时，妈妈可以准备两个碗和勺，一套自己拿着，给宝宝喂饭；另一套给宝宝，并在其中放一点食物让宝宝自己拿着吃。

宝宝断不了母乳怎么办

现在，母乳要逐渐停止，即使母乳还很充足，除午睡前可喂宝宝1次外，其他时间就不要再喂宝宝了。但有时尽管妈妈也做了努力，但宝宝还是断不了母乳，一天中宝宝总有一两次要吃了母乳才睡觉。在这种情况下，是否要采取强制性措施停止喂母乳。这就要看喂母乳是否影响宝宝吃辅食。

宝宝虽然停不了母乳，但并不

减少进食辅食，对这样的宝宝，喂母乳也是可以的。但对那些只想着吃母乳，而排斥进食辅食的宝宝，则必须要想办法将食物做得色、香、味更佳，以吸引宝宝的饮食兴趣。

体能和智能

培养宝宝广泛的兴趣

这个月的宝宝对身边的一切事物都会表现出浓厚的兴趣，抓住宝宝的这个特点，父母可以在游戏中培养宝宝广泛的兴趣。

寻找的兴趣

把宝宝最喜爱的玩具用毛巾等遮盖起来，不要全部遮住，让宝宝容易寻找。父母也可以用毛巾遮住自己的头，让宝宝把毛巾揭开看到父母。或者父母躲在门后，只露出一只手或者脚，然后让宝宝寻找。

解决问题的兴趣

妈妈或爸爸可以用玩具手机或电话座机，先拨动号码发出声音，然后做出接电话的姿势。当宝宝知道怎么玩之后，再让宝宝自己尝试。也可以给宝宝准备一个储物箱，在里面装满各种安全有趣的东西，让宝宝将里面的东西拿出来，然后再放进去。还可以把宝宝喜爱的玩具用纸包起来，然后让宝宝打开纸包去寻找。

模仿的兴趣

在模仿中，宝宝对动物的叫声特别感兴趣，这时应多让宝宝看一些有关动物的图书，领宝宝到动物园或公园去看动物，并听听动物的叫声，特别是现在养宠物的家庭很多，在节假日外出时让宝宝接近一下宠物狗等动物，但一定要注意安全。

培养宝宝的艺术爱好或修养

这个月可以让宝宝任意地乱涂

1周
2周
3周
4周
5周
6周
7周
8周
9周
10周
11周
12周
13周
14周
15周
16周
17周
18周
19周
20周
21周
22周
23周
24周
25周
26周
27周
28周
29周
30周
31周
32周
33周
34周
35周
36周
37周
38周
39周
40周
41周
42周
43周
44周
45周
46周
47周
48周
49周
50周
51周
52周

乱画，然后父母再在纸上画一个简单的图形，教宝宝照着画，画成什么样都不要紧，最重要的是激发宝宝的兴趣和发挥宝宝的"天赋"。还可以训练宝宝对音乐的感觉，父母先放一首宝宝喜欢的音乐，再扶宝宝站稳，慢慢地松开手，让宝宝随着音乐自由摆动。

宝宝摆动身体时，父母可以在一旁随着音乐的节拍拍手，营造出一种欢乐的氛围。如果宝宝还不能摇摆身体，可以先让宝宝坐在床上，父母抓着宝宝的胳膊随音乐节拍左右摆动。

健康与安全

❀ 发生屏息的处理方法

有些宝宝在大哭的时候，往往半天缓不过气起来，脸憋得铁青。但时间很快，往往没等父母缓过神儿来，宝宝却在瞬间完全恢复正常。

屏住呼吸的情形，在婴幼儿中发生比例约为1/5，年龄在6个月到4岁。有些纯属偶发性，而有的则一天1～2次，但绝不足以造成任何脑部伤害。

对于因为屏息而晕过去的宝宝，父母要根据宝宝屏息的原因采取一些相应的措施，减少以至消除宝宝的屏息现象。首先让宝宝得到足够的休息，因为休息不够容易使宝宝爱动

肝火，宝宝发脾气哭闹就可能引起屏息。对于爱使性子的宝宝，在使性子以前，想办法让其平静，利用音乐、玩具或其他方法(别用食物，这只会造成另一个坏习惯)转移他的注意力。尽可能地降低宝宝的紧张情绪。假如宝宝屏息，父母要冷静处理，焦虑只会让事情更糟。在事件过后，不要过分放任宝宝，一旦让宝宝知道屏住呼吸是讨东西的好办法，那可就没完没了了。若宝宝屏息情况很严重，持续达1分钟以上，且和哭泣无关联，应尽快去医院进行诊疗。

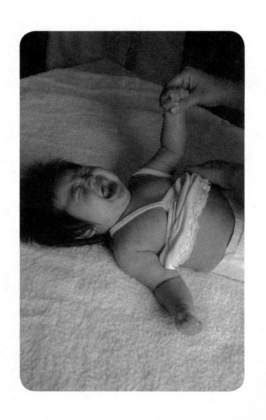

第40周

日常护理

观察宝宝的睡眠状况

在一定程度上，宝宝的睡眠状况也是身体健康状况的一种表现，因此父母平时要注意观察宝宝的睡眠状况，这对宝宝的健康护理和预防疾病十分重要。

身体健康的正常宝宝，睡眠状况有显著的特点，比如入睡后安静，睡得很踏实，呼吸声音轻而均匀，面目

舒展甚至还有微笑的表情，有时头部略有微汗。如果你的宝宝睡眠时出现异常，就要分别对待，因为这些异常一般可以分为非病理性异常和病理性异常。

如果你的宝宝晚上睡不安稳，或者不踏实，可能是白天兴奋过度。如果睡眠后出现哭闹，可能是宝宝饿了或小便后尿布湿了，有些宝宝睡眠时出现惊哭现象，可能是做噩梦所致等。这些睡眠异常都属于非病理性的，对于这些现象，由于每个宝宝各自的睡眠规律和睡眠表现均不一样，妈妈可做针对性处理。

如果宝宝在睡眠时出现入睡后易醒、烦躁不安、时而哭闹乱动、夜惊和头部多汗，甚至时常浸湿头发和枕头；出现全身皮肤干燥发烫，呼吸急促，每分钟超过50次；脉搏加速超过正常次数，每分钟超过130次等异常现象，可能是发病的前兆，父母应带宝宝到医院检查，以便及时给予治疗。

1周
2周
3周
4周
5周
6周
7周
8周
9周
10周
11周
12周
13周
14周
15周
16周
17周
18周
19周
20周
21周
22周
23周
24周
25周
26周
27周
28周
29周
30周
31周
32周
33周
34周
35周
36周
37周
38周
39周
40周
41周
42周
43周
44周
45周
46周
47周
48周
49周
50周
51周
52周

睡前不给宝宝吃东西

有部分妈妈怕宝宝睡觉时肚子饿而睡得不踏实，就在睡前给宝宝再吃一些食物。还有的妈妈是担心宝宝营养不够，怕影响宝宝的生长发育，也总想千方百计地让宝宝多吃一点，长胖一点。入睡前，不仅宝宝的大脑处于疲劳状态，而且胃肠消化液分泌减少，使胃肠道的负担加重，不利于食物的消化和吸收，同时还影响宝宝睡眠质量，宝宝会因撑得难受而睡不安稳。

这种做法不仅会对宝宝造成上述影响，而且还会因宝宝没等食物全咽下去就睡着了，嘴里存留的食物特别容易损坏宝宝的牙齿。所以，为了给宝宝充足的睡眠，为了宝宝的健康，父母在睡前不要给宝宝吃东西。

喂养要点

出牙拒食的解决方法

妈妈发现，宝宝出牙后在吃奶时与以前不同，有时连续几分钟猛吸乳头或奶瓶，一会儿又突然放开奶头，像感到疼痛一样哭闹起来，反反复复，这时如果给宝宝点儿固体食物，宝宝就显得很高兴的样子吃起来。

造成这一现象的原因，是因为宝宝牙齿破龈而出时，由于吮吸奶头碰到牙龈，使牙床疼痛而表现的拒食现象。

解决办法是：宝宝出牙期间，可将宝宝每次喂奶的时间分为几次，间隔当中，喂些适合宝宝吃的固体食物，如饼干、面包片等。如果宝宝用奶瓶，可将橡皮奶头的洞眼开大一些，使宝宝不用费劲就可吸吮到奶汁，就不会感到过分疼痛。

但妈妈应注意，奶头的洞眼不能过大，以免呛着宝宝。如果已做到以上的喂养方法，宝宝仍然拒食，可停喂几天或改用小匙喂奶，这样会改善宝宝的疼痛状况，使宝宝顺利吃奶。

宝宝为什么厌食牛奶

宝宝开始不接受奶粉，这在3个月以后的婴儿中比较多见。所以，为了避免孩子不吃奶瓶，不喝奶粉，提前培养宝宝接受奶粉是很必要的。

如果母乳充足，可用奶瓶装一点水或果汁给宝宝喝，也可以偶尔给宝宝喝一点奶粉，让宝宝熟悉奶粉的味道。但半顿牛奶是不可取的，要整顿整顿地加，不要补零。有些妈妈总是喜欢这样喂养母乳不足的宝宝，应该改过来。

体能和智能

认识事物的训练

这个月宝宝对事物的感知能力逐步增强，这时父母可以运用玩具或图片训练宝宝认识外界事物。

形象玩具

这个月的宝宝一般都比较喜欢色彩鲜艳、形象生动逼真的玩具，特别是对各种小动物、娃娃、小汽车等能够发出响声的形象玩具更是爱不释手。在运用这些形象玩具让宝宝认识事物时，父母要告诉宝宝每个形象玩具的名称，最好能模仿这些玩具的叫声，如一边模仿小狗的叫声"汪汪"，一边告诉宝宝这个玩具叫做"狗"，而且吐字要清晰、标准。同时，还可教宝宝分别认识这些玩具的相关组成部分，如小狗的眼睛、鼻子、嘴巴和耳朵，小汽车的轱辘等。

图片画册

宝宝也喜欢看各种色彩鲜明、形象逼真的图片画册。在运用图片画册训练宝宝认识事物能力时，父母要选择那些形象逼真、色彩鲜艳、画面清晰的识图卡片或画册教宝宝指认。也可以在宝宝房间的墙上悬挂一些图片，让宝宝随时指认。父母教宝宝指认时，要注意告诉宝宝图像的准确名称，千万不要说别名或代用名词。比如教宝宝认识小猫时，应说"这是小猫"，千万不要告诉宝宝这是"喵喵"，以防宝宝误认为猫的名字就是"喵喵"。这些图像要在宝宝熟悉后再更换，从而使宝宝加深印象。

教宝宝认识自己

妈妈坐在地板上，宝宝坐在妈妈的大腿上，妈妈和宝宝一起朝地板上的镜子里看。摸摸宝宝的头、眼睛、耳朵、鼻子和下巴，一边说出这些部

1周
2周
3周
4周
5周
6周
7周
8周
9周
10周
11周
12周
13周
14周
15周
16周
17周
18周
19周
20周
21周
22周
23周
24周
25周
26周
27周
28周
29周
30周
31周
32周
33周
34周
35周
36周
37周
38周
39周
40周
41周
42周
43周
44周
45周
46周
47周
48周
49周
50周
51周
52周

位的名称，一边念下面的这首儿歌：

这里我把它叫做头，

这是我的头，这是我的头。

这里我把它叫做头，

听一听，看一看，我们看见了。

这是我身体的一部分，

一部分，我的一部分。

我了解我的身体各部分，

听一听，看一看，我们看见了。

（换用身体的其他部分，重复念这首儿歌）

妈妈先做笑脸，鼓励宝宝模仿妈妈做笑脸；妈妈摆动自己的舌头从一边移到另一边，把舌头从嘴里伸出去，缩进来，用空气把两颊（腮帮子）鼓起来。当宝宝的表情有所变化时，妈妈可模仿他那滑稽可笑的表情。

健康与安全

❋ 产生"八字脚"的原因

所谓"八字脚"是一种下肢的骨骼畸形，分为"外八字脚"（即"X"形腿）和"内八字脚"（即"O"形腿，一般人称"罗圈腿"）两种。一般"外八字脚"多见于学走路的宝宝，而"内八字脚"则多见于已经会走路的宝宝。

造成"八字脚"的主要原因是宝宝缺钙。此时宝宝骨骼因钙质沉

积减少、软骨增生过度而变软，加之宝宝已开始站立学走路，变软的下肢骨就像嫩树枝一样无法承受身体的压力，于是逐渐弯曲变形而形成"八字脚"。

另外，不正确的养育方式也可能导致"八字脚"的发生，如打"蜡烛包"、过早或过长时间地强迫宝宝站立和行走等。

❋ 预防"八字脚"

为防止宝宝发生"八字脚"，首先要防止宝宝发生缺钙现象。父母要及时增加宝宝饮食中的钙含量，如可多吃豆制品等。其次可以让宝宝多晒太阳和在医生的指导下适当服用维生素AD制剂。如怀疑宝宝缺钙，应及时带宝宝到医院进行检查和治疗。

第十一章
41～44周宝宝完美养护

41～44周宝宝身体发育对照表

性 别	身 高	体 重	头 围	胸 围
男宝宝	70.1～80.5厘米	7.7～11.9千克	43.7～48.9厘米	42.2～50.2厘米
女宝宝	68.8～79.2厘米	7.2～11.2千克	42.9～47.8厘米	41.1～49.1厘米

第41周

日常护理

✿ 外出活动要穿鞋戴帽

这个月的宝宝外出活动的时间比前几个月大大增多了。天冷时外出给宝宝戴帽子尤其重要，因为身体中大部分热量是从头部散发的，给宝宝戴帽子有助于保暖。如果宝宝不习惯戴帽子，或者在给宝宝戴帽子时宝宝反抗时，决不能迁就宝宝，可以等宝宝的注意力分散时再给宝宝戴上。

这个月的宝宝还不能自己稳当地走路，外出时可以穿一双保暖的袜子或一双柔软的鞋子。由于此时宝宝脚上的骨头还没定型，所以袜子或鞋子不仅要柔软，而且还要稍大一些。

此外，在寒冷的天气里外出时，不仅要给宝宝准备保暖的帽子，而且还要给宝宝穿上一件厚实的外套。回家时，应及时给宝宝脱掉厚厚的外衣。

选购外衣的基本要求

宝宝活动能力逐月增强，衣服的磨损也比较厉害。所以，在面料的材质方面，要选择那些柔软而有弹性，相对结实耐磨但又不能太厚，可手洗也可机洗，而且洗后不掉色的面料。

至于衣服的款式要求就更简单了，最主要的就是穿脱起来很方便。因此，应当选择那些易于穿脱的衣服，使穿脱的过程尽可能的快捷。一般选择那些温暖舒适，有松紧带或领口宽的衣服较为理想。

喂养要点

宝宝还得继续喝牛奶

宝宝还要喝牛奶，而且还不能太少。因为在宝宝生长发育的过程中，不能缺少动物蛋白质。虽然在宝宝的

食谱中有动物性食品，也含有蛋白质，但如果宝宝吸收的量不足，就会满足不了生长发育的需求。而牛奶中含有优质蛋白，既好喝又方便，所以从牛奶中补充是最佳的选择。

至于每天让宝宝喝多少牛奶，要根据宝宝饮食中摄入的鱼、肉、蛋的量来决定。因为宝宝吃这些食品越多，相对来说喝牛奶的量就少，父母要注意给宝宝进行合理搭配。既不能因为宝宝爱喝牛奶，就减少吃鱼、肉、蛋的量；也不能因为宝宝喜欢吃鱼、肉、蛋就减少喝牛奶的量，因为这些食物不能相互代替。一般来说，宝宝每天补充牛奶的量最好在500毫升左右。

宝宝的饮食特点

第11个月的宝宝接受、消化食

1周
2周
3周
4周
5周
6周
7周
8周
9周
10周
11周
12周
13周
14周
15周
16周
17周
18周
19周
20周
21周
22周
23周
24周
25周
26周
27周
28周
29周
30周
31周
32周
33周
34周
35周
36周
37周
38周
39周
40周
41周
42周
43周
44周
45周
46周
47周
48周
49周
50周
51周
52周

物的能力增强了，一般的食物几乎都能吃了，宝宝有的时候还可以与父母吃同样的饭菜了，比如蒸肉末、鱼丸子、面条、米饭、馒头等。此时依然要注意宝宝的饮食特点，食物既要做得碎烂软嫩，又要色香味美，这样宝宝才能爱吃。

给宝宝吃肉时一定要把肉剁得碎一点，肉块太大，不仅会被宝宝拒绝，还会引起消化不良或呕吐。当然也要防止出现另一个极端，即把饭菜做成稀糊烂泥。父母往往低估宝宝的进食能力和消化能力，总以为没长几颗牙齿的宝宝吃不了成块的食物和固体食物。实际上快1岁的宝宝是可以吃些松软细嫩的碎块状食物的，宝宝可以凭几颗门牙和牙床就能将熟菜块、水果块、饼干块弄碎、嚼烂再咽下去。

体能和智能

❋ 继续训练宝宝的体能

这个月还要继续巩固和提高爬行训练、站立训练和行走训练。

爬行训练

训练时，妈妈或爸爸在宝宝前方呼唤宝宝的名字，或用宝宝喜爱的玩具，引逗宝宝爬过去取玩具，促进宝宝向前爬行，并要有一定的速度，或者在中途设置一些容易克服的障碍，如放一个枕头等。

站立训练

训练时，妈妈或爸爸可先让宝宝双手扶着床栏杆或桌子站立，然后逐渐撤去作为依靠的栏杆等物体。当宝宝双手扶着栏杆或桌子站得较稳后，可以继续训练宝宝一只手扶着栏

杆或桌子站立，再增加难度，让宝宝一手扶站，另一只手弯腰去取脚边的玩具。

行走训练

训练时，妈妈或爸爸可以拉着宝宝的双手训练向前迈步，也可让宝宝扶着栏杆，沿着栏杆走。当宝宝自己能走几步之后，妈妈或爸爸再给宝宝增加难度。

搭积木游戏

游戏时，妈妈或爸爸先给宝宝两块积木，让宝宝把一块积木摞在另一块积木上。再给宝宝一个乒乓球，让宝宝把乒乓球摞在第二块积木上，无论怎么放，乒乓球都会从积木上掉下来。这时，妈妈或爸爸再给宝宝一块小积木，宝宝一摞就摞上去了。成功给宝宝带来喜悦，同时也使宝宝对不同物体具有不同性质有了初步的认识。

健康与安全

宝宝出水痘的症状

水痘是一种常见病、多发病，有很强的传染性，多见于冬春季节。但8个月以后母体的抗体基本消耗后，宝宝很容易传染发病。

宝宝出水痘时，如果没有其他并发症，一般对身体不会有太大的影响。通常病初发热时，宝宝精神委靡不振、嗜睡。由于出水痘的部位有点痒，宝宝会烦躁不安，易哭闹。有时因为瘙痒难耐，宝宝经常会用手去抓挠。

出水痘的护理策略

父母护理出水痘患儿的关键，是不要让宝宝用手去抓水疱。注意及时给宝宝剪短指甲，保持手的清洁，必要时可戴上手套或用布包住手，以防宝宝抓破后造成感染。如果个别的水疱已抓破，应咨询医生，外用消炎药膏，避免感染。

由于出水痘，宝宝的食欲很差，因此，父母应给宝宝准备易消化的食物，多吃富含维生素C的水果、蔬菜，比如苹果、桃和西红柿等。出水痘期间，妈妈不要带宝宝去公共场所，以防止宝宝发生其他感染。如果宝宝出现高热、咳嗽和抽搐等现象，应尽快到医院诊治。

第42周

1周
2周
3周
4周
5周
6周
7周
8周
9周
10周
11周
12周
13周
14周
15周
16周
17周
18周
19周
20周
21周
22周
23周
24周
25周
26周
27周
28周
29周
30周
31周
32周
33周
34周
35周
36周
37周
38周
39周
40周
41周
42周
43周
44周
45周
46周
47周
48周
49周
50周
51周
52周

日常护理

宝宝不愿待在家里

好动、爱玩和好奇是这个月宝宝的显著特点，适当带宝宝到广阔的户外尽情玩耍，既能增强宝宝的体质，也能发展宝宝的个性，满足宝宝身心健康发育的需要。

有时，宝宝不愿待在家里，总是哭闹着要到外面去，之所以出现这种情况是有原因的。一是父母因为工作忙，好长时间没带宝宝出去，宝宝在家里待的时间太长了，所以就会闹着

出去。二是父母经常带宝宝到外面活动，宝宝的心玩"野"了，回到家里总觉得憋得慌，或是家里的生活过于单调、枯燥。宝宝在家感到无聊和寂寞，所以也会闹着要出去。

如果宝宝不愿意待在家里，就应该多带宝宝出去。父母可以带宝宝到街上，看看城市的建筑物、路上的行人和行驶的车辆等（但时间不可太长）。最好带宝宝到公园玩耍，看各种动物、花草，玩一玩滑梯和木马等。要多让宝宝与别的宝宝一起游戏，以便增进宝宝与他人之间的交往。此外，还可以利用休息日或节假日到郊外观赏自然景色，扩大宝宝眼界，丰富宝宝的见识。

在家要多和宝宝交流，给宝宝朗读儿歌、讲故事，和宝宝一起看图书、听音乐，一起唱歌和跳舞等。还可以请邻居的宝宝到家里和宝宝一起玩。只要宝宝生活有规律，心情愉快，就不会感到无聊寂寞，自然也就不会老哭闹着要出去了。

中午12：00　1小碗米饭，2匙肉末，3匙蔬菜。

下午3：00　1个小花卷，1片苹果。

晚上7：00　1小碗软面条，鱼、蛋、蔬菜或豆腐。

晚上9：00　牛奶100毫升。

科学合理地摄入脂肪

脂肪虽好，但摄入不合理，同样也会给宝宝的身体带来一定的影响和危害。正确地给宝宝摄入脂肪，有以下两种措施：

制定合理食谱

父母在为宝宝定食谱时，应考虑宝宝的需要，不宜过多，也不宜过少。如果供给脂肪过多，会增加宝宝胃肠的负担，容易引起消化不良、腹泻、厌食；如果供给脂肪过少，宝宝的体重不增，易患脂溶性维生素缺乏症，如缺乏维生素A，容易得夜盲症；缺乏维生素D，容易得佝偻病等。

摄入含不饱和脂肪酸的食物

脂肪的来源可分为动物性脂肪与植物性脂肪两种。动物性脂肪包括动物肉、油、奶等，含饱和脂肪酸。植物性脂肪主要为不饱和脂肪酸，是必需脂肪酸的最好来源。因此，父母在为宝宝调配饮食时，应该多选用植物性脂肪。

喂养要点

宝宝的饮食搭配

宝宝断乳后，谷类食品就成为主食，因为热量的来源大部分也靠谷类食品提供。因此，宝宝的膳食安排要以米、面为主，同时搭配动物食品及蔬菜、水果、禽、蛋、鱼和豆制品等。在食物的搭配制作上要注意多样化，最好能经常更换花样，如小包子、小饺子、馄饨、馒头和花卷等，以提高宝宝的食欲和兴趣。

宝宝一天的食谱该怎样安排

参考方案

早晨7：00　1小碗粥，肝泥或鸡蛋。

上午9：00　牛奶150毫升。

1周
2周
3周
4周
5周
6周
7周
8周
9周
10周
11周
12周
13周
14周
15周
16周
17周
18周
19周
20周
21周
22周
23周
24周
25周
26周
27周
28周
29周
30周
31周
32周
33周
34周
35周
36周
37周
38周
39周
40周
41周
42周
43周
44周
45周
46周
47周
48周
49周
50周
51周
52周

体能和智能

🧩 为宝宝选择合适的玩具

比较适合这个月宝宝玩的玩具一般有以下几种。

积木

给宝宝积木时，尽管他还不会垒很高，但却能用双手拿着互相撞击或者把积木垒起来。

蜡笔

可以给宝宝蜡笔，让他在纸上随便画。为了避免宝宝把纸画完后会在墙上画，父母应多给宝宝一些纸。让宝宝用蜡笔画东西时，父母一定要陪着，以免宝宝把蜡笔当成好吃的东西放进嘴里。

小鼓

有的宝宝非常喜欢敲小鼓，好像对自己敲出来的响声非常感兴趣，也有几分得意。

画册

一般来讲，宝宝喜欢看画册也是从这个月龄开始的。有的宝宝喜欢交通工具画册，有的宝宝喜欢动物画册。如果宝宝对书一点儿也不感兴趣，爸爸妈妈也不要强迫宝宝，可以隔一段时间，多加引导，宝宝就可能喜欢了。

玩具汽车

宝宝喜欢有发条或装有电池的玩具汽车，这些汽车既可以让宝宝爬着追，又可以练习走步。

家庭用品

有的宝宝不喜欢玩现成的玩具，却对一些勺子、铲子、锅碗等家庭用品情有独钟。

由于这个月龄的宝宝常常咬玩具，所以无论什么材质的玩具，都要注意质量和安全性。

🧩 和宝宝玩手电筒游戏

彩色闪光

将电灯熄灭。将彩色披巾或纱巾覆盖于手电筒发光的一头，披巾或纱巾的各种色彩就会投射在墙壁之上。

一个点

将电灯熄灭，将手电筒照射在宝宝房内不同的地方，例如宝宝的玩具上、图画上、时钟上等。

追赶灯光

将电灯熄灭，将手电筒的光芒直

射一条清洁的垫子，让宝宝在垫子上爬行追赶灯光。

健康与安全

❀ 宝宝打鼾的原因

打鼾在婴幼儿时期十分常见，这与他们上呼吸道的结构特征有关。婴幼儿的鼻部和鼻咽腔相对较短，鼻道狭窄，鼻黏膜柔嫩，血管丰富，感染时鼻黏膜充血肿胀，容易引起堵塞；他们的咽部相对狭小且垂直，咽部富于集结淋巴组织，其中包括鼻咽扁桃体和腭扁桃体，前者又称增殖体，在6个月前即发育，如增生过大则为增殖体肥大。由于儿童出现各种急性传染病较多，所以鼻咽部反复发炎，造成鼻黏膜的充血、水肿以及增殖体的异常肥大，鼻咽部的通气受阻使得睡眠时不能经鼻呼吸而出现张口呼吸，结果是舌根后坠，随呼吸发出鼾声。

所以宝宝仰睡时易打鼾，因面部朝上而使舌头根部因重力关系而向后倒，阻塞了呼吸通道。感冒时宝宝咽喉部位肿胀、扁桃体发炎、分泌物增多时，更易造成气流不顺而鼾声加重。如果宝宝肥胖或扁桃体肿大，口咽部也会较肥厚，睡觉时口咽部的呼吸道更易阻塞，所以鼾声也非常大。严重者甚至会有呼吸困难及呼吸暂停的现象。

❀ 宝宝打鼾的处理方法

改变宝宝的睡姿

试着将宝宝的头侧着睡，此姿势可使舌头不致过度后垂而阻挡呼吸通道，可减低打鼾的程度。

给宝宝进行身体检查

请儿科医生仔细检查宝宝的鼻腔、咽喉、下巴骨部位有无异常，神经或肌肉的功能有无异常之处。

肥胖的宝宝要减肥

肥胖也是打鼾的一个原因。如果打鼾的宝宝肥胖，先要想办法减肥，让口咽部的软肉消瘦些，使呼吸管径变宽。且变瘦的身体对氧气的消耗可减少，呼吸自然会变得较顺畅。

手术治疗

如果宝宝鼻咽腔处的腺状体、扁桃体或多余软肉增生肥大阻挡呼吸通道，严重影响正常呼吸时，可考虑手术切除。

1周
2周
3周
4周
5周
6周
7周
8周
9周
10周
11周
12周
13周
14周
15周
16周
17周
18周
19周
20周
21周
22周
23周
24周
25周
26周
27周
28周
29周
30周
31周
32周
33周
34周
35周
36周
37周
38周
39周
40周
41周
42周
43周
44周
45周
46周
47周
48周
49周
50周
51周
52周

第43周

日常护理

外出时的必备物品

宝宝总是那个最不乐意每天窝在家里的人，只要天气适宜，父母就应该每天带宝宝到户外活动，接受阳光的爱抚，与大自然亲密接触，呼吸清新的空气。带宝宝参加户外活动时要给宝宝穿上合适的鞋子，一些父母认为小宝宝不会有运动，穿什么鞋都

一样。其实，对于宝宝来说，不同的场合需要穿不同的鞋子，小皮鞋的底比较硬，不适宜户外运动。户外活动还是穿运动鞋比较好，同时还要带上替换的袜子。宝宝小脚很容易出汗，运动时鞋子里的热气散不出去，袜子就变得湿湿的。当停止活动时，鞋子里的温度慢慢降低，潮湿的袜子就变凉。捂久了，很容易造成宝宝着凉。

此外，还必须带上水、水果和小点心。如果是带宝宝去远一点的地方，喂奶及辅食的时间一定把握好。不能因为玩得高兴或者在路上不方便而打乱了宝宝的生物钟。

带宝宝一起度假的注意事项

在父母度假时，只要条件允许，也可以带宝宝一起去。带宝宝度假不仅可以让宝宝有更多的时间和父母在一起，而且还可以开阔宝宝的视野。

带宝宝一同度假时，为了使假期过得愉快，考虑宝宝的需求要比考虑自己的需求更周到一些。要选好的气候和合适的休假地点，最好是避开旅游旺季。这样，旅游地点和住处都不会过于拥挤，环境比较安静，费用也会比较少。此外，还要考虑到一些难以预料的事情，如宝宝突然生病等，都可能打乱原来的计划，所以不要把时间规定得太死。

度假的地点应有适合宝宝玩耍和娱乐的场所和设施，还应有适合宝宝的饮食场所和食品。一同度假时应尽量保证宝宝正常的生活规律和习惯，并能让宝宝像在家里一样活动自由。

喂养要点

最好不要让宝宝吃蜂蜜

蜂蜜味道香甜，而且还可以治疗便秘，一般的人都爱吃。许多父母都喜欢在宝宝吃的牛奶、副食品或开水中添加蜂蜜。这种动机和愿望是好的，但好的愿望未必会有好的效果。

蜂蜜容易受多种细菌的污染，1岁以前的宝宝胃肠功能尚未发育成熟，许多细菌可能在肠道中继续繁殖或分泌毒素，当经胃肠黏膜吸收进入体内后，就会破坏其原本就脆弱的防御系统而致病。

因此，父母最好不要给1岁以内的宝宝食用蜂蜜。

吃水果要适量

水果既好吃又好看，大多数宝宝都喜欢吃。但父母给宝宝吃水果时，要有一个原则，既要给宝宝常吃，但也不能一次给宝宝多吃。因为多吃水果，会导致宝宝的食欲下降，进而影响宝宝营养的均衡，使宝宝容易患上营养缺乏症。

快满周岁的宝宝吃水果，可以不用小勺刮水果泥了，宝宝自己就可以抓着吃，但妈妈事先要给宝宝削皮、去籽、切片。尤其给宝宝吃西瓜的时候更要注意，仔细去掉西瓜籽。每个季节的新鲜水果都可以给宝宝吃，但不可多吃。

体能和智能

语言能力的培养

父母在训练宝宝的语言能力时，可以参考以下技巧。

妈妈在带宝宝看图画书时，可以

1周
2周
3周
4周
5周
6周
7周
8周
9周
10周
11周
12周
13周
14周
15周
16周
17周
18周
19周
20周
21周
22周
23周
24周
25周
26周
27周
28周
29周
30周
31周
32周
33周
34周
35周
36周
37周
38周
39周
40周
41周
42周
43周
44周
45周
46周
47周
48周
49周
50周
51周
52周

将每页上的东西名称告诉宝宝，每次都按同一顺序读，并可以让宝宝来翻页。每翻到一页时，可以问宝宝图画书里面的东西是什么？宝宝通过不断地看与摸来增加知识。

这个月的宝宝对用嘴吸东西很拿手，却不会把空气往外吹。如果妈妈给宝宝一个喇叭，让宝宝试着去吹，一段时间后，宝宝自然就能掌握吹的技巧了。"呼呼"地吹对宝宝语言的发声非常重要。但应该注意的是，只能给宝宝嘴管短且不会插到喉咙里的喇叭，以免发生危险。

教宝宝认识颜色

教宝宝认识颜色可以随时进行。比如，妈妈可指着商场门口悬挂的气球说："宝宝看，那气球是红色的，

和你的衣服一样。"或指着路边停着的汽车说："那辆汽车是黄色的，和宝宝吃的香蕉是一个颜色。"

健康与安全

不能触摸宝宝生殖器

11个月的男宝宝已经能理解父母们的一些意思了，因此，有些父母喜欢用手捏摸小男孩的生殖器，如有意逗着问宝宝："这是什么呀？"这种逗乐不仅有可能使宝宝以后出现手淫的习惯，而且由于宝宝的生殖器和尿道黏膜比较娇嫩，父母手上沾染的病菌，很容易侵入宝宝的尿道里，造成感染，甚至更严重的后果。因此，父母们不要触摸宝宝的生殖器。

不能捏宝宝的鼻子

有些人见宝宝鼻子长得扁，或想逗宝宝玩儿，常用手捏宝宝的鼻子。这么做看似没什么，但是，却会给宝宝造成一定的伤害。因为宝宝的鼻腔黏膜娇嫩、血管丰富，外力作用过大会引起损伤或出血，甚至并发感染。从生理构造上讲，婴幼儿的耳咽管较粗短且直，位置较成人低，乱捏鼻子会使鼻腔中的分泌物通过耳咽管进入中耳，极易发生中耳炎。因此，父母最好不要乱捏宝宝的鼻子。

第44周

日常护理

帮助宝宝克服不好的睡眠习惯

良好的睡眠习惯不仅可以保证睡眠质量，而且有利于宝宝的身心健康发展。

在睡觉时，有些宝宝喜欢咬着被角或含着手指头睡觉；有些宝宝喜欢摆弄东西，比如摆弄被角、枕角、衣服和玩具等，甚至养成不摆弄东西就睡不着觉的不良习惯；还有的宝宝喜欢把头蒙在被窝里睡觉，这种睡眠习惯是非常不好的。因为被窝里二氧化碳浓度较大，氧气浓度相对减少，短时间之内宝宝会出现胸闷、憋气，还容易做噩梦。时间一长，就会严重影响宝宝的身体健康和智力发展。

对宝宝的不良睡眠习惯，父母不要采取责骂或惩罚的做法，可以采取分散注意力等办法帮助宝宝加以纠正。比如睡觉时先让宝宝的双手放在被子外边，父母坐在宝宝床边，用讲故事或哼摇篮曲等方法分散宝宝的注意力。等睡着后给宝宝盖好被子，并将宝宝的手放进被子中，时间一长，以上不良习惯就会克服了。

睡午觉很重要

这个年龄的宝宝活泼好动，生长发育也非常迅速，为了宝宝的身心健康，必须保证充足的睡眠。因此，除了夜间的睡眠外，给宝宝安排好午觉也是非常重要的。午睡正好是白天的间隙时间，既可以消除上午的疲劳，又能养精蓄锐，保证下午精力充沛。午睡应成为保证宝宝神经发育和身体健康的一个重要的卫生习惯。

在睡眠过程中，由于氧和能量的消耗最少，而且生长激素分泌旺盛，可以促进宝宝的生长发育。如果睡眠不足，就会使宝宝精神不振、食欲不好，从而影响正常的生长发育。为安排好宝宝的午睡，最重要的是养成良好的生活规律，每日按时起床，按时

1周
2周
3周
4周
5周
6周
7周
8周
9周
10周
11周
12周
13周
14周
15周
16周
17周
18周
19周
20周
21周
22周
23周
24周
25周
26周
27周
28周
29周
30周
31周
32周
33周
34周
35周
36周
37周
38周
39周
40周
41周
42周
43周
44周
45周
46周
47周
48周
49周
50周
51周
52周

吃饭，午饭后不做剧烈运动，以免宝宝因兴奋过度而不易入睡。同时，午睡时间不要过长，一般以2～3个小时为宜。

喂养要点

❀ 停掉母乳的宝宝饮食特点

这个月的宝宝接受食物、消化食物的能力增强了，一般的食物几乎都能吃了。

父母要保证宝宝一日三餐搭配合理，每餐不仅要有主食的摄入，还要有一定量的鱼、肉、蛋等动物性食物的摄入。

父母对宝宝食品的选择要灵活多变，如蔬菜的品种有许多，不要局限于青菜、胡萝卜、西红柿，像菠菜、白菜、土豆、豆芽、芹菜、洋葱、韭菜等都可以尝试。在食物初加工时要先洗后切。蔬菜浸泡半小时后清洗；菜应切得稍微小一点、细一点，及时和宝宝口形的大小，又可以成为宝宝

的手指食品，可以拿在手上吃。烹调的方法多采用炒、煮、焖、煨等，少用油煎、烧烤等；在调味时要清淡、少刺激，低盐、少糖、不用味精，特别注意不要以成人的口味标准来对待婴幼儿的口味。

此外，要注意随着季节变换食物种类：春季多吃含钙、蛋白质丰富的食物，如牛奶、虾米、肉骨头炖黄豆汤等，促进宝宝骨骼生长；夏季多吃清淡食品，如冬瓜、西红柿等；秋季多吃滋阴润燥的食物，如藕、山药等；冬季多吃富含热量、高蛋白的食物，如羊肉、牛肉、红枣、核桃、萝卜等。

对于宝宝能吃多少，应该在满足宝宝饭量的前提下，根据情况进行调整，比如对食欲好的宝宝，父母要控制，避免宝宝吃得过多。这个月龄的宝宝仍需喝牛奶，如果宝宝停掉母乳后又不爱喝牛奶，父母就应该想办法，让宝宝喝其他种类的代乳制品。对于仍然不能接受辅食的宝宝，父母应引起重视，可以去儿科医院咨询，以获得正确的喂养指导。

体能和智能

❀ 增强宝宝社交和生活能力

这个月龄的宝宝，已经有一定

的活动能力，对周围世界有了更广泛的兴趣，有与人交往的社会需求和强烈的好奇心。因此，父母每天也应当抽出一定时间和宝宝一起做游戏，进行情感交流。也可适当地寻找机会招待小朋友到家里来，或带宝宝到别的小朋友家做客。在与其他小朋友相处时，要教会宝宝"拍手、再见"等手势。就算宝宝跟别的小朋友玩不到一起，这种体验也和宝宝自己一个人玩时截然不同。

随着宝宝年龄增长，喂养时不仅要让宝宝定时进餐，以使消化系统有节律地工作；而且进餐时要有固定的座位，训练宝宝进食自理的能力。如让宝宝自己用手拿饼干吃，独自抱奶瓶喝奶、自己拿水杯喝水，以及试着拿汤匙吃饭等。

在给宝宝穿衣服时，可以让宝宝配合妈妈穿衣、戴帽、穿袜和穿鞋等，这不仅能培养宝宝的生活自理能力，而且能强化上下、左右等方位意识。

■ 培养宝宝对他人的亲和力和爱心

现在的宝宝大多数是独生子女，很难有机会和其他小朋友相接触，为了培养宝宝的亲和力和爱心，父母可以参考以下办法：

办法一

父母带宝宝到外面活动时，可以有意识地让宝宝观察比宝宝大一点的哥哥、姐姐玩耍的情景，宝宝一定会很感兴趣地看。对宝宝来说，这种观察也是一种积极的感受。如果条件允许，有时候可以让宝宝和他们一起玩一会儿。

办法二

对宝宝来说，把自己的玩具或其他东西交给别人，就好像东西被抢一般，实在办不到。这时，父母可以先向别人要玩具或东西给宝宝，然后再让宝宝拿玩具或其他东西给别人。经过这种训练，宝宝会知道别人接到他的东西会很高兴，而交出来的玩具或其他东西还会回到自己手中。

办法三

一开始，妈妈先当着宝宝的面，爱抚布娃娃等类的玩具，然后说：

1周
3周
4周
5周
6周
7周
8周
9周
10周
11周
12周
13周
14周
15周
16周
17周
18周
19周
20周
21周
22周
23周
24周
25周
26周
27周
28周
29周
30周
31周
32周
33周
34周
35周
36周
37周
38周
39周
40周
41周
42周
43周
44周
45周
46周
47周
48周
49周
50周
51周
52周

"宝宝，你来抱抱"，宝宝就会模仿妈妈的动作。经过这种培养，可以让宝宝知道关心、疼爱他人带来的体验。

健康与安全

❀ 宝宝不会站立的因素

进入11个月的宝宝，大多数都已经自己能够站立了，最早的在5～6个月就能站立了，但有个别宝宝此时还不会自己站立起来。这并不排除宝宝个体之间的差异，以及父母们的一些认识。对宝宝们而言，生活是一连串体能上、智能上和情绪上的挑战。父母们视为理所当然，轻而易举的一些动作，对宝宝们而言，却需要费相当大的力气才能克服这些障碍。比如翻身、坐立，以及站立。

对至今仍不会自己站立起来的宝宝，父母要从主、客观上进行一下原因分析，一般不外乎以下几方面的因素：

体重因素

过于胖的宝宝由于身体笨重，行动费劲，比较不容易站起；但如果宝宝四肢强壮、协调性很好，即使重也可以站得很好。

锻炼因素

一个整天被妈妈放在推车里、躺椅或游戏围栏中的宝宝，没什么机会去练习站立。

家具因素

周围的家具如果很不牢靠，或宝宝的鞋袜太滑溜，都有可能对宝宝学习站立产生障碍。

❀ 宝宝不会站立怎么办

如果宝宝不会站立，父母可以采取以下解决办法：

对于过胖的宝宝，父母要适当地控制一下宝宝的饭量，既是为宝宝的现在，也是为了宝宝的将来。

对于缺少锻炼的宝宝，妈妈要给宝宝提供一些自由的发展空间，这时就会发现，宝宝同样站立得很好。

把家具固定牢固，为了鼓励宝宝，在稍高的家具上摆上宝宝心爱的玩具，引导宝宝站立起来去拿。另一方面，也可以常常扶着宝宝让他站在父母的大腿上，这对建立宝宝的信心大有益处。

从发育角度看，一般婴幼儿会站立起来的平均年龄是9个月大，多数在12个月以前都能完成这个过程。如果宝宝在1岁时还不能站立起来，父母就应该带宝宝去看医生了。

第十二章
45～48周宝宝完美养护

1周
2周
3周
4周
5周
6周
7周
8周
9周
10周
11周
12周
13周
14周
15周
16周
17周
18周
19周
20周
21周
22周
23周
24周
25周
26周
27周
28周
29周
30周
31周
32周
33周
34周
35周
36周
37周
38周
39周
40周
41周
42周
43周
44周
45周
46周
47周
48周
49周
50周
51周
52周

45～48周宝宝身体发育对照表

性　别	身　高	体　重	头　围	胸　围
男宝宝	71.9～82.7厘米	8.0～12.2千克	43.9～49.1厘米	42.5～50.5厘米
女宝宝	70.3～81.5厘米	7.4～11.6千克	43.0～48.0厘米	41.4～49.4厘米

第45周

日常护理

▓ 给宝宝布置房间

宝宝1岁了，妈妈和爸爸可以为宝宝布置一个舒适的房间，这是送给宝宝的最好礼物。为了把宝宝的房间布置得多姿多彩，父母需要注意以下几个问题：

柔软、环保的原料

在宝宝房间设施和装修材料的选材上，应符合柔软、自然和环保的要求。尽量用棉布、原木和符合卫生、环保标准的材料等。

柔和、充足的照明

宝宝的房间应有柔和充足的照明，这样可以使宝宝有安全感，有助于消除孤独感和恐惧感。此外，宝宝的房间设计还要遵守明亮、轻松、愉悦的原则，保持明亮、活泼的色调，不妨多增加一些对比色。

机动灵活的空间设计

巧妙的设计要能使宝宝的房间可随时重新调整摆设，体现空间的多功能性和多变性。比如家具要能随意变换位置，最好也能重新组合，使宝宝对重新调整的空间充满新奇感。家具的颜色、图案或小摆设也要富有变化，增加宝宝想象的空间。此外，在房间的设计上还要有预留展示的空间。

因为这个月的宝宝喜欢在墙面上随意涂画，如果在房间的某个区域，设计安装一块类似黑板样的空间，让宝宝可以随意涂画和张贴，不仅不会破坏整体空间的布局，而且还能激发宝宝的创造力，满足宝宝的成就感。

安全的设计

由于这个月的宝宝正处于活泼好动、好奇心较强的阶段，稍有不慎就容易发生意外，所以，宝宝房间的安全性也是设计时必须考虑的。如在窗户上加设护栏，家具尽量避免棱角，而采用圆弧形收边的。

宝宝白天睡眠时间的变化

多数快到1岁的宝宝，在睡眠时间上都会有程度不同的变化，比如，有的宝宝不想太早睡觉，父母可以在大约九点钟的时候将宝宝放到床上。有的宝宝可能在中午以前发困，父母就要把午饭提前到11点或11点半，使宝宝在饭后能补充睡眠。一些以前在上午9点钟小睡的宝宝，快到1岁的时候要么会全然拒绝睡觉，要么将上午的睡眠时间不断往后推。如果上午睡得晚，到了下午三四点钟才能再睡一觉。这一时期的宝宝每天都在发生变化，甚至有两周上午不睡觉的经历之后，现在又开始要在上午九点钟睡觉了。这些变化都是暂时的，父母要适应这种变化，不要根据自己的意愿安排宝宝的睡眠。

1周
2周
3周
4周
5周
6周
7周
8周
9周
10周
11周
12周
13周
14周
15周
16周
17周
18周
19周
20周
21周
22周
23周
24周
25周
26周
27周
28周
29周
30周
31周
32周
33周
34周
35周
36周
37周
38周
39周
40周
41周
42周
43周
44周
45周
46周
47周
48周
49周
50周
51周
52周

喂养要点

✿ 宝宝的饮食原则和要求

这个时期的宝宝，消化吸收能力显著增强，能够比较安静地坐下来进食。因此，爸爸和妈妈在给宝宝准备饮食上，绝不可掉以轻心，要从以下几个方面做起：

注重食物的营养价值

食物的营养价值关系到宝宝能否健康成长，给宝宝吃的食物，应该是既好吃，又有营养价值。

注重宝宝吃的每一口

父母给宝宝吃的每一口食物都是重要的，都关系到宝宝的消化、吸收和宝宝的食量及食欲情况，最终会影响宝宝将来可能习惯吃什么样的食物。尤其是零食，如饮料、甜点、糖果、饼干等，最容易惯坏宝宝的胃口。

注重规律的饮食习惯

给宝宝用餐就要按时按点，不能因为大人的原因省略正常进食的某一餐。因为宝宝需要充分的营养，少了正餐或点心都有可能导致宝宝血糖降低，进而影响宝宝情绪不稳定。

注重天然未加工的食物

由于宝宝的身体还未发育成熟，对于食物的代谢比不上成人迅速，因此，人工添加剂等，可能会给宝宝造成身体上的伤害。无论采取什么手段加工和烹饪菜肴，食物的营养元素在处理过程中，都要流失一部分。因此，父母在为宝宝准备适合的菜肴时，应选择最新鲜的原料，多用蒸、煮等最简单的方式，少用或不用煎、炸、烤，这才是最佳的饮食加工和烹饪方式。

注重饮食效果

在生活中，有许多同月龄的宝宝，有的胖乎乎、圆滚滚；而有的却较瘦或比较适中。体重情况一方面取决于遗传和疾病，另一方面取决于营养状况。但对一个体重超标的宝宝而言，禁食不如择食好。宝宝体重过重时，妈妈应给宝宝选择含热量少，但营养均衡的食物；而对于体重相对不足的宝宝，增加热量及营养均衡两者并重才是最根本的解决办法。

注重全家人的饮食习惯

由于宝宝经常与全家人一起吃饭，

家里人的饮食习惯，就会潜移默化地影响宝宝，有些宝宝不爱吃胡萝卜、全麦面包，甚至白开水。这往往是因为家里人，尤其是父母有偏食的习惯造成的。因此，为了宝宝的健康，家长也要注意改变自身不良的饮食习惯。

体能和智能

❀ 训练宝宝学走

为了让宝宝尽快学会走，爸爸妈妈应注意以下事项：

平时，爸爸妈妈可以帮助宝宝在你的腿上或柔软的沙发上蹦来蹦去，以增强腿部肌肉的力量。

爸爸妈妈要尽量保证家里的设施安全，以免宝宝学走时发生意外。即使是在宝宝摔倒了也不会受伤的场所，爸爸妈妈必须随时保护宝宝的安全，不能让宝宝一个人学走路。

当爸爸妈妈运动时，要多和宝宝交流，可以对宝宝微笑，从而让宝宝对运动感兴趣，激发宝宝模仿的愿望。

爸爸妈妈不要到哪儿都抱着宝宝，要尽量给宝宝提供练习走路的机会，克服宝宝对爸爸妈妈依赖的思想。

在天冷的季节训练宝宝学习走路时，要尽量少给宝宝穿衣服，以免行动不便或活动出汗后易致感冒。如果是暖和的季节，宝宝还不能走稳时，

父母可以给宝宝穿上厚袜子，再带宝宝到室外学走。

学走训练要事先定好时间。在宝宝小便后，可以把尿布拿下来，以减轻身体负担。每天训练时间应控制在20～30分钟较为合适。

❀ 教宝宝识数字

这个游戏的主要目的就是使宝宝有数量的概念，游戏可以结合吃东西进行。

比如，游戏时爸爸妈妈在给宝宝拿饼干的时候，只给宝宝1个，并竖起示指告诉宝宝"这是1"。要让宝宝模仿着妈妈或爸爸的动作，也竖起示指表示"1"后，再把食物递给宝

1周
2周
3周
4周
5周
6周
7周
8周
9周
10周
11周
12周
13周
14周
15周
16周
17周
18周
19周
20周
21周
22周
23周
24周
25周
26周
27周
28周
29周
30周
31周
32周
33周
34周
35周
36周
37周
38周
39周
40周
41周
42周
43周
44周
45周
46周
47周
48周
49周
50周
51周
52周

宝，使宝宝了解"1"的含义。

健康与安全

宝宝的出牙情况

宝宝的出牙是有一定规律性的，牙齿的萌出是成对成双的，左右两侧同名的牙齿同时长出，下颌的牙齿早于上颌牙齿长出。大多数宝宝到1岁左右时，就可长出6颗门牙：上面4颗，下面2颗，但有的宝宝只长出4颗、还有长出2颗，甚至有的宝宝1岁了才长出第一颗牙。这是因为个体差异的原因。

宝宝出牙时间的早晚，对于正常的宝宝来说并不意味什么，所以父母不必担心。如果宝宝缺钙，或患有佝偻病，不仅出牙晚，而且还会有其他症状，如骨骼弯曲，头腿异形等情况。即使宝宝患了佝偻病之后，父母

也不能为了让宝宝早出牙，而给宝宝吃太多的钙片或维生素D。正确的做法是让宝宝多活动、多晒太阳，此外也可给宝宝多吃一些较硬的东西，以促进牙齿的萌出。

口齿不清的解决策略

有的父母看到，别的宝宝1岁时就能比较清楚地发音，而自己的宝宝只会说一些单字，有的甚至只有家里人才能勉强辨识宝宝说的是什么。对于这种情况，父母很担心宝宝长大后会不会口齿不清楚。

其实，就目前而言，担心这个问题似乎还太早了一点。一般情况下，宝宝要等到3～4岁时，才能够很纯熟地发出正确的语音，有些宝宝甚至要到6～7岁，还不能让别人清楚地区别某些声音。虽然有一部分宝宝在2岁前就可以让外人听清楚他们所说的话，而有些宝宝则得等到4～5岁才行。

宝宝口齿不清时父母先别忙着纠正发音，更别拿宝宝心爱的东西来"要挟"宝宝练习说话。否则会引起宝宝的厌烦，不仅不愿意尝试新字、新词，而且本来会讲的字或词，都可能闭口不说了。正确的方法是，让宝宝明白父母很喜欢听他说话，如果宝宝确实感受到了这一点，就会相当积极地继续学下去。

第46周

日常护理

让宝宝自己入睡的方法

对于1岁的宝宝来说，能够自己入睡是最理想的。以下方法或许可以帮助宝宝尽快入睡：

首先，要为宝宝营造出有助于入睡的氛围，比如将卧室的光线调暗，或使用小夜灯。室内的温度要适中，不要太冷或太热。同时，家里要保持相对安静，声响以不影响宝宝睡眠为度。此外，可以让宝宝知道，爸爸妈妈就在宝宝附近，以使宝宝安心入睡。

其次，在宝宝每晚上床以前，要遵循同样的规矩做每一件事，比如，妈妈要在宝宝清醒时给他换上新的尿布，盖好被子，或者可以在睡前和宝宝来一个拥抱，放一段摇篮曲之类的音乐，但这些都要在宝宝入睡前进行。如果在计划让宝宝正式断奶之前的2个星期开始，有这么一套同样的程序和规矩，一定会收到理想效果的。

真正的独自入眠的习惯，只有靠宝宝自己一个人的力量完成才是最好的，所以妈妈或爸爸要有思想准备，要下点儿"狠心"，准备承受一些宝宝的哭声，其实，这也是一种正常现象，这种哭声会在几个晚上之后逐渐减弱，时间越来越短，最终完全消失。

夜里给宝宝喝点奶

宝宝在这个时期，有时夜里会哭

1周
2周
3周
4周
5周
6周
7周
8周
9周
10周
11周
12周
13周
14周
15周
16周
17周
18周
19周
20周
21周
22周
23周
24周
25周
26周
27周
28周
29周
30周
31周
32周
33周
34周
35周
36周
37周
38周
39周
40周
41周
42周
43周
44周
45周
46周
47周
48周
49周
50周
51周
52周

闹着醒来，这时最重要的是要像晚上哄宝宝睡觉时一样，想方设法让宝宝尽快再次入睡才好。无论如何不能养成宝宝夜里起来玩耍的习惯。

如果宝宝与妈妈一起睡，就能立刻睡着，妈妈不妨就和宝宝一起睡。也有的宝宝夜里醒来后，只有喝牛奶才能再次入睡。对这样的宝宝可以给他喝牛奶，只要宝宝没有肥胖倾向，夜里喝点奶对健康是没有坏处的。相反，那些看到宝宝夜里醒来就连忙抱起宝宝，在房间里来回走地哄着入睡，是最不应采取的方法。

喂养要点

❉ 注重规律的饮食习惯

给宝宝用餐要按时按点，不能因为父母的原因省略正常进食的某一餐。因为宝宝需要充分的营养，少了正餐或点心都会导致血糖降低，进而导致宝宝情绪不稳定。尤其是学步期间的宝宝，由于活动量增大，消耗多，因此就需要中间加点点心来补充能量。但往往宝宝吃了点心后又可能不好好吃正餐。所以一定要注意在给宝宝吃点心时，不要让宝宝吃得太多，具体以宝宝能够正常吃正餐为原则。

❉ 进餐时间不能太长

对于能够开始吃饭的宝宝来说，养成良好的饮食习惯是非常重要的，也是一件很不容易的事。在这一点上，父母起着至关重要的作用。

在生活中，人们常常发现这样的现象，有的宝宝乖顺听话，在短时间内就把饭吃完了；而有的宝宝则不同，活泼好动，边吃边玩，要妈妈端着饭碗在后面追着，才能把这顿饭吃完；还有的宝宝好像食欲不好，虽然也吃，但是不好好地吃，妈妈要哄着，甚至用转移注意力的办法，才能让宝宝吃一点。

对于不好好吃饭的宝宝，父母首先要确认宝宝是否有身体方面的不适，如果确认没有什么不适之后，就要采取点措施和办法了。比如，要把吃饭的时间定好，宝宝不想吃，或不好好吃时，妈妈要果断地收起饭菜和玩具，让宝宝明白，吃饭和游戏必须分开进行。对于没有食欲的宝宝，要弄清是饭菜不合宝宝的口味呢，还是宝宝不饿？如果是饭菜不合宝宝的口味，就应进行必要调整或提高烹调技艺；如果是宝宝不饿，就先让宝宝少吃一点，以后逐渐将饮食习惯纠正过来。

总而言之，给宝宝进餐的时间不要拖得太长，一般控制在20分钟就可以了。要使宝宝从小养成一个良好的饮食习惯，这对将来是大有好处的。

体能和智能

✿ 用玩具对宝宝进行体能训练

为了促进宝宝全面发展，在进行体能训练时，以下玩具可以参考选用：

推拉式玩具

推拉式玩具可以给宝宝提供更多的锻炼机会，以增强宝宝的体力和自信心。坐在可以移动双脚的玩具上有助于宝宝练习走路。拉着一只一边走一边"嘎嘎"叫的小鸭子，也会激发宝宝学习走路的兴趣，有助于体能

的发展。有的宝宝十分好动，如果给宝宝一个带有轮子的可以推着走的玩具，宝宝一定也会十分喜欢。

球类玩具

球类玩具可以使宝宝的全身得到锻炼。在宝宝快到1周岁时就可以开始玩球，先是用手拍小皮球，接着就是玩小排球、羽毛球，还可以用脚踢小足球。但一定要在家长的监护之下进行，注意安全。

✿ 用图片与实物相联系的游戏

爸爸妈妈可以给宝宝选择一些常见物品的图片。如做游戏时，先给宝宝看图片，再给宝宝看实物，并告诉宝宝实物的名称。经过多次反复对比观看之后，宝宝就会将图片与对应实物联系起来。

1周
2周
3周
4周
5周
6周
7周
8周
9周
10周
11周
12周
13周
14周
15周
16周
17周
18周
19周
20周
21周
22周
23周
24周
25周
26周
27周
28周
29周
30周
31周
32周
33周
34周
35周
36周
37周
38周
39周
40周
41周
42周
43周
44周
45周
46周
47周
48周
49周
50周
51周
52周

最后，爸爸妈妈可以将宝宝熟悉的图片与其他图片混在一起，或是将某一个实物拿给宝宝，或是不拿实物，只是告诉宝宝实物的名称，让宝宝将相对应的图片找出来。如宝宝做到了，妈妈和爸爸就要给予宝宝表扬和鼓励，增强宝宝的自信心和学习兴趣。

健康与安全

❀ 宝宝不会走路的对策

在走路的问题上，同样是因人而异，有些宝宝较早就会走，但也有一些宝宝会迟很多。

影响宝宝学走的原因很多：营养不良或是缺少刺激的环境，都会延迟宝宝学会走路的时间；如果宝宝因走路摔得很厉害，可能会让宝宝不敢放开妈妈的手而独立行走；如果宝宝总是被心急的父母逼着练习走路，反而使宝宝对走路失去兴趣而拒绝学习走路；如果宝宝的耳朵发炎、感冒或患其他疾病，会使宝宝走路的进度落后；若是妈妈整天让宝宝待在塞满东西的游戏围栏里，或常常让宝宝坐在婴儿车上，很少给宝宝锻炼腿部肌肉的机会，也会使宝宝走得晚，甚至在其他方面的发育都会受到影响。

因此，父母要给宝宝足够的机会和场地练习起身、站立以及沿着家具前进、迈步都可以。宝宝练习走路的房间里，不要有突起的毯子或太滑的地板，要有许多可以让宝宝安全攀扶的家具，以便宝宝扶着前进，同时使宝宝有一种安全感，对走路容易产生信心。一开始最好让宝宝光着脚，因为袜子太滑，鞋子太硬或太重，影响宝宝走路。

虽说许多正常甚至很聪明的宝宝，1岁半才会走，但如果宝宝在1岁半后还不会走时，父母最好带宝宝去医院进行检查诊治，确定有无生理或情绪上的问题。

第47周

给宝宝过周岁生日

布置要得当

一般来讲，给宝宝过周岁生日，都是在自己家里举行，所以一切布置不可太过复杂。装饰要简洁明快，可以根据家庭或宝宝的特点，选择某个主题作为适当的亮点，比如宝宝喜欢的卡通形象，或者利用一些气球和鲜花烘托气氛。

客人不能太多

给宝宝过周岁生日，一般只限于

直系亲属和少部分极为亲密的好友。即使是这样，客人也不能太多，如果把房间塞得满满的，或者过分热闹，也会使"小寿星"吃不消的。同时人多空气污浊，对宝宝健康不利。

时间要合适

给宝宝过生日的时间一定要合适，不能因为安排给宝宝过生日而打乱了正常作息计划。比如，宝宝通常在下午会小睡一会，就别将过生日的活动安排在下午。也不要为了使宝宝能在稍后的活动上多吃一点，而故意延误宝宝正常的进餐时间。总之，安排过生日的前提是能让宝宝有充分的休息。整个活动的时间也应有所控制，时间也不宜拖得太长、太晚，最多一个半小时，以免影响宝宝休息。

不安排节目

给宝宝过周岁生日，一般不安排文艺节目，任何可能会吓着宝宝的表演都不能安排。因为刚满1岁的宝宝十分敏感，而且大

1周
2周
3周
4周
5周
6周
7周
8周
9周
10周
11周
12周
13周
14周
15周
16周
17周
18周
19周
20周
21周
22周
23周
24周
25周
26周
27周
28周
29周
30周
31周
32周
33周
34周
35周
36周
37周
38周
39周
40周
41周
42周
43周
44周
45周
46周
47周
48周
49周
50周
51周
52周

人们也无法预期可能原本以为可以使宝宝高兴的事物，不知什么时候就会吓着宝宝。如果有其他小朋友参加，可以准备一些玩具，而且最好同款的多准备几个，以免发生你抢我夺的局面。

❋ 适合宝宝的生日蛋糕

过生日时大多会给宝宝订一个蛋糕，但对于刚1岁的宝宝来讲，有些蛋糕并不适宜，比如巧克力蛋糕，或者带有果仁、糖和蜂蜜等的蛋糕，都不适合宝宝吃。最好是类似胡萝卜蛋糕等比较合适，但上面铺有的鲜奶油应不加糖。此外，蛋糕的形状最好具有某个特殊角色的模样，或用鲜奶油装饰一个卡通人物等更能增加趣味。在为宝宝切蛋糕时，要控制好量，块的大小应与宝宝平日吃的分量差不多或者稍稍少一点。

喂养要点

❋ 给宝宝吃水果的方法

对满1周岁的宝宝，吃水果时，一般只要削了皮就能给他吃了。也有细心的妈妈将水果弄碎后再给宝宝吃。但宝宝可能并不喜欢，因为宝宝尝到了嚼食果肉的快感后，就不喜欢吃这种弄碎的水果了。

对宝宝来说，妈妈没有必要考虑哪些是特别好的水果。每种应季自然成熟的水果，既新鲜又好吃，价格也便宜的就是好的。草莓、西红柿洗干净了都可以给宝宝吃。不过，西瓜、葡萄的籽要去掉后，才能给宝宝吃。苹果的果肉太硬，要切成薄片给宝宝吃。香蕉、梨、桃等都可以给宝宝吃。无花果、菠萝、香蕉等水果，对患便秘的宝宝都很有好处。

对于罐头水果(橘子、桃、梨)，在维生素C的含量方面，与新鲜的水果相比差得很多。但是因为它是宝宝喜欢吃的东西，所以，在宝宝发热没有食欲的时候，也可以适量给宝宝吃一些。

宝宝在吃了西红柿、胡萝卜、西

瓜等食物后，有时大便中可见到像是原样排出似的东西。虽然排出了带颜色的东西，但父母不要以为宝宝是消化不良就不让宝宝吃水果了，因为这是正常现象。

对既不喜欢吃蔬菜，也不喜欢吃水果的宝宝，父母要每天给宝宝补充30克维生素C；对爱吃鸡蛋和牛奶的宝宝，只要将维生素C磨碎或放在酸奶中给宝宝喝就可以了。

慎给宝宝吃糖果

大多数宝宝都喜欢吃糖果类食品，但父母要谨慎给宝宝吃，因为宝宝吃得多了，会对身体造成危害或隐患。

宝宝吃了甜食后便不想吃其他东西，容易导致营养不均衡。而且宝宝吃甜食也容易蛀牙。给宝宝太多的甜食，将来可能成为发生糖尿病的诱因。有实验推测，摄取甜食也将造成宝宝精力过剩，吃甜食还容易肥胖。

喜爱甜食的宝宝很容易吃上瘾。因此，在宝宝小的时候，那些糖果、糖精、果糖、蔗糖、蜂蜜及麦芽糖等含糖量高的食物，应少给或不给宝宝吃，加了糖的点心也要少吃。给宝宝吃的点心最好选择不加糖的干果、苏打饼干或水果。再说，许多食物中已经含有糖分，足已满足宝宝的发育需要。

体能和智能

开发宝宝智力的玩具

这个月的宝宝已经有了一定的独立意识，好奇心逐渐增强，很多事喜欢自己去做。宝宝还喜欢模仿父母的动作，能听懂很多话，还喜欢听父母的赞扬。为了开发宝宝的智力，父母应该多和宝宝一起游戏玩耍。下面的玩具可供参考：

组合玩具

早在宝宝学会说出圆形、方形或三角形的名称之前，宝宝就已能辨识不少形状，并会玩组合玩具。比如积木，宝宝在玩积木的过程中，既可认识了图形，又可学会正确的分类。有的宝宝还会按大小、长短，将积木块分成组，按红、黄、蓝、绿等颜色将积木块分类，并将积木配对。有的宝宝还可按大小、长短、颜色等多个标准统一起来，进行更复杂的分类组合排序的游戏，用积木块组装成正方体、长方体及"大楼"。积木游戏既可提高宝宝的思维能力，又可促进宝宝的智力发展。

灵巧性玩具

这类玩具鼓励宝宝使用双手来扭转、推压和抽拉等。玩这些玩具时，父母可能要花好些时间进行示范。宝

1周
2周
3周
4周
5周
6周
7周
8周
9周
10周
11周
12周
13周
14周
15周
16周
17周
18周
19周
20周
21周
22周
23周
24周
25周
26周
27周
28周
29周
30周
31周
32周
33周
34周
35周
36周
37周
38周
39周
40周
41周
42周
43周
44周
45周
46周
47周
48周
49周
50周
51周
52周

厨房用品、耐久的塑料杯和塑料碗、漏斗和量勺等。

健康与安全

▓ 防止宝宝依赖奶瓶

宝一旦学会了，就可能会专注地玩上数小时。

容易动手的玩具

宝宝喜爱将东西放下来，再拿起来，家长可以买特别设计的玩具或利用家中现成的东西。如一些成套的各种小物件之类的玩具，让宝宝能将那些小物件放入小容器，如小筐、小盒等，然后再将它们取出来。或提供有盖子的小盒、小瓶等，让宝宝打开或盖上盖子。也可以选购一些套碗等套叠玩具，让宝宝将其拆开，再套上去，不一定要求按大小次序套好。

其他玩具

如简单的游戏拼图、建筑模型；大的、底部较重但可推倒的充气玩具；可摇摆着发出声音的充气小丑；可拉着走同时发出音乐或模拟声响的玩具；一些互相撞击可以发出声音的玩具；大的洋娃娃、填充的动物玩具、适合搂抱的玩具动物或玩具娃娃；可推可拉的玩具，如小型汽车、小火车和小卡车；假想的劳动工具和

有的进入1岁的宝宝，对于奶瓶好像有种特殊的感情。如果宝宝对奶瓶的依赖程度严重，还会给宝宝的生长发育带来一定的危害，因此父母就要想尽一切办法帮助宝宝戒除这个习惯。以下方法可供参考：

限制宝宝用奶瓶的时间、地点和频率。一天只给宝宝使用2～3 次奶瓶，正餐间的点心或饮料则放在盘子或杯子里。

奶瓶中不装好喝的牛奶和果汁，只装白开水，这有可能会减少宝宝对奶瓶的兴趣，并能保护宝宝的牙齿。

绝不允许宝宝带着奶瓶上床，在爬行、走路及游戏中也不给他奶瓶喝水。规定宝宝只能在特定场合，如坐在父母腿上才能使用奶瓶，万一宝宝喝一半就溜去玩，而奶瓶仍有剩余牛奶时，可先将奶瓶冷藏起来不给宝宝喝。

当然，这需要一个过程，要让宝宝彻底放弃奶瓶是有一定难度的，但父母应设法将长期使用奶瓶对宝宝所能造成的伤害，降到最低限度。

第48周

日常护理

宝宝怕洗澡的应对策略

宝宝很小的时候，是很喜欢洗澡的。但当到1～2岁这个阶段时却非常害怕听见水流进下水道的声音，这时妈妈要有针对性地给予解决。如果宝宝害怕进浴盆，不要强迫，可以让宝宝先在一个浅盆里试一试，如果宝宝还是害怕，不妨在浴盆里放一个宝宝喜欢的玩具，直至宝宝不再害怕在浴盆中洗澡为止。往浴盆里放水时，可以先放2.5厘米高的水，等宝宝适应之后再适当加入水。

为了避免肥皂水进入宝宝的眼睛，可以给宝宝准备一个护眼罩，此外，注意要使用不刺激眼睛的专业婴儿洗发水。对于那些害怕排水声音的宝宝，在洗完澡之后应立即将宝宝抱走，然后再排水。

让宝宝自己刷牙

维护牙齿健康关系着宝宝的一生，养成自己刷牙的习惯是最基本的一条。这个时期的宝宝，模仿能力最强，父母无论干什么，宝宝都会模仿。所以，每当父母刷牙的时候，要让宝宝看到父母刷牙的样子，并且告诉宝宝刷牙的好处。尽管宝宝还不可能完全听懂，但起码可以知道这是在刷牙，而且是一件天天都要做的事。这样一来，经过长时间的观察和模仿，就会主动想着要自己刷牙了。开始的时候，父母要给予一定的帮助，

宝宝在自己刷牙时，父母要在旁边照看，以防宝宝因动作不熟练而致牙刷毛碰到宝宝的上腭或嗓子，出现意外。

喂养要点

垃圾食品害处多

成年人会因为一些不良嗜好，比如吸烟、喝酒或饮用刺激性饮料，从而破坏正确的饮食习惯。而刚刚学步的宝宝，并不会像成年人那样被这些不良嗜好所左右，但却能被吃过多的垃圾食物所左右，即垃圾食品会取代宝宝的正餐而影响食欲。因此，父母不要给宝宝吃垃圾食品，比如，油炸食品、膨化食品等，这些食品既没有营养，又会影响宝宝的食欲。

此外，爸爸妈妈要尽量少吃或不吃，因为宝宝如果看到爸爸妈妈喜欢吃，就会开始模仿或尝试，甚至像妈妈或爸爸一样养成不良的饮食习惯。

宝宝不爱吃米饭的应对策略

宝宝不吃米饭，或米饭吃得少，父母不必为之过于苦恼。只要给宝宝面食类食物，并和鸡蛋、鱼、肉之类的食物调剂得好也是可以的。实际上，宝宝精神状态良好，每天都高高兴兴地玩耍，就不必太在意米饭吃得多与少。不喜欢吃米饭的宝宝，如果喜欢吃点心或副食，妈妈也可以适量给宝宝吃些。

另外，对于不爱吃米饭的宝宝，妈妈也要尽量想一些办法，让宝宝变得爱吃米饭，毕竟饭食种类吃得越全面，营养就越均衡，这对宝宝的生长发育也就越有利。

比如，平时家里适当地增加吃米饭的次数；父母可以有意识地在宝宝面前表现出吃米饭的香甜；父母

也可以做可口的菜肴佐餐等。饮食习惯也是可以影响宝宝的，只要加以正确引导，宝宝就会改变不爱吃米饭的偏好。

宝宝不愿意自己动手吃饭

大多数宝宝进入1岁后，就要争着、抢着自己动手吃饭，而也有一些宝宝不愿意自己拿勺吃饭，非得妈妈喂才行。主要原因是宝宝怕失去妈妈。因为对宝宝来说，妈妈一直是宝宝的保护神，宝宝不愿意失去妈妈一点一滴的关爱，更何况是妈妈那细致入微的喂哺。

对于这样的宝宝，父母别强迫宝宝。如果宝宝希望由妈妈喂时，妈妈就喂他；当宝宝想自己动手吃东西时，就让宝宝自己吃。顺其自然地让宝宝选择，等再大一点时，宝宝就会自己进食，尽管这种现象可能还会出现反复。与此同时，妈妈可以给宝宝创造自己动手的机会，如把奶瓶、杯子、汤匙放在宝宝随手可以拿的到的地方。多给宝宝放置一些用手抓的食物，点心或正餐都可以，因为这样吃更方便，以食物来引诱宝宝自己动手吃东西，会令宝宝更加自信。

每当宝宝自己吃的时候，父母要记得给宝宝赞扬和鼓励，让宝宝了解到：无论什么时候、什么情况下，父

母都会在他的身边。

体能和智能

不能让宝宝感到无助

哭是宝宝与外界沟通的第一种方式，虽然1岁的宝宝会说一些简单的话，但一般还是用哭来表达自己的需要和请求，如因为饥饿、疼痛、不舒服、或要大小便或感到寂寞等。如果父母不理睬宝宝的哭闹，宝宝就会感到很无助，时间一长还可能会变得悲观消极。

由于这个时期是宝宝的一个"恐惧期"，这种恐惧是一种"既期待，又怕受伤害"的心情。这种伤害可能是怕跌倒，也可能是怕陌生人。遇到这种现象，父母要好好呵护宝宝。

宝宝摇摇晃晃走路的样子确实很好玩，宝宝对学习走路具有相当大的兴趣，但也很需要安全感。处于学步期的宝宝，不仅心思说变就变，而且

1周
2周
3周
4周
5周
6周
7周
8周
9周
10周
11周
12周
13周
14周
15周
16周
17周
18周
19周
20周
21周
22周
23周
24周
25周
26周
27周
28周
29周
30周
31周
32周
33周
34周
35周
36周
37周
38周
39周
40周
41周
42周
43周
44周
45周
46周
47周
48周
49周
50周
51周
52周

记忆力也相当惊人。也许昨天学走时把小屁股跌疼了，或许是觉得累了，第二天当父母再叫宝宝练习走路时，宝宝可能说什么也不肯。

对学步期的宝宝来说，只要引起恐惧感的来源少了，他就会很乐意去尝试新的事物，这对宝宝今后的全面发展具有相当大的帮助。

健康与安全

✿ 向宝宝说"不"

宝宝的好奇心越来越强，什么都想尝试，什么都想动一动。对于一个刚满1岁的宝宝来说，有些危险的东西不让他碰是很难的，因为宝宝并不知道这样做会给自己带来危险。看到宝宝做这些危险的事情，父母必须明确而坚决地向宝宝说"不"。

无论是危险的事情，还是对宝宝的发育成长不利的事情，父母都必须禁止。比如，在宝宝开始做危险的事情时，父母就应立即说"不行"，而且当宝宝再有类似行为时，必须用简单、明了的语气来制止宝宝，从而造成一种能终止宝宝不良行动的条件反射。只有等到宝宝从经验中懂得父母说话算数的时候，才可以真正执行父母的命令，懂得什么可以做，什么不可以做。如果父母说了"不行"之后，宝宝停止了危险动作，父母要及时给予夸奖和表扬。

对于另一些宝宝来说，可能只说"不行"就不够了。有些好动的宝宝或者探索性较强的宝宝，会不认同父母的禁令，继续没有完成的探索。这时父母应该迅速地走到危险物品前面，指着危险物体告诉宝宝这个东西"不能碰"，这样宝宝就能领会"不能碰"的含义。之后，父母可以陪宝宝一会儿，并教他如何玩一样新东西。

向宝宝说"不"的时候，不能有一点通融的余地，要避免给宝宝留下选择的机会，但也不要表情愤怒，也不要一个劲地责备宝宝，因为这些行为都不会起到好的作用，相反还可能会导致宝宝的反感。

第十三章
49~52周宝宝完美养护

1周
2周
3周
4周
5周
6周
7周
8周
9周
10周
11周
12周
13周
14周
15周
16周
17周
18周
19周
20周
21周
22周
23周
24周
25周
26周
27周
28周
29周
30周
31周
32周
33周
34周
35周
36周
37周
38周
39周
40周
41周
42周
43周
44周
45周
46周
47周
48周
49周
50周
51周
52周

49～52周宝宝身体发育对照表

性　别	身　高	体　重	头　围	胸　围
男宝宝	83.5～89.9厘米	10.73～13.2千克	47.0～49.4厘米	47.0～50.8厘米
女宝宝	82.8～88.8厘米	10.32～12.7千克	45.9～48.3厘米	45.9～49.5厘米

第49周

日常护理

■ 为宝宝建立合理的生活制度

　　合理安排宝宝的睡眠、吃饭、大小便以及玩耍等生活内容，建立规律的生活习惯，有利于宝宝神经系统与消化系统的协调工作，对宝宝的身体健康和心理发展都具有重要的意义。

就餐规律

　　由于宝宝的消化功能较弱，每次食量不宜过多，所以为保证宝宝能从膳食中得到充足的营养，应适当增加就餐次数。一般来说，这个年龄的宝宝每天可以安排就餐5次，包括吃饭、喝奶及点心，两餐之间应间隔3个小时左右。

睡眠规律

　　由于宝宝的神经系统还没有发

育成熟，大脑皮质的特点是既容易兴奋，又容易疲劳。如果得不到及时的休息，就会精神不振，食欲不好，以致容易生病。如果睡眠充足，可以使脑细胞恢复工作能力，而且在睡眠时分泌的生长激素较清醒时多。

活动规律

由于宝宝的身体正处在生长发育比较迅速的时期，所以应保证有一定的室内活动及户外活动时间。每天户外活动时间至少应有2个小时，有助于宝宝的身心发育。

■ 可以给宝宝穿满裆裤

1周岁以后，以穿满裆裤为宜，但不宜长时间穿紧身裤、牛仔裤。1岁后的宝宝已经能自由行动，户外活动也相应多了起来，但这时的宝宝对

卫生常识还一无所知，随便什么地方都坐，如果穿的是开裆裤，特别是女宝宝，地面上的细菌或脏东西会轻易地从肛门、阴道及尿道侵入宝宝体内，引起尿道炎、阴道炎及外阴炎等。

另外，这个年龄的宝宝容易感染蛲虫，由于蛲虫在肛门周围产卵，如果患儿乘坐大型玩具，或者坐滑梯、骑摇马、使用公共坐便器时就容易出现感染或被感染。

喂养要点

■ 饮食注意事项

这个时期的宝宝对食物的需求

1周
2周
3周
4周
5周
6周
7周
8周
9周
10周
11周
12周
13周
14周
15周
16周
17周
18周
19周
20周
21周
22周
23周
24周
25周
26周
27周
28周
29周
30周
31周
32周
33周
34周
35周
36周
37周
38周
39周
40周
41周
42周
43周
44周
45周
46周
47周
48周
49周
50周
51周
52周

量相应增多。但宝宝的咀嚼功能和消化功能还没有发育完善，因此，宝宝的饮食还不能完全和大人的一样，父母在食物的选择及烹调上，仍应注意宝宝的饮食特点，具体应注意以下几点：

饭菜以低盐食品为好，不吃腌制的食品；食品中不添加味精、色素、糖精等调味品。

不给宝宝吃刺激性的食品，如咖啡、辣椒、胡椒等；少吃油炸食物和膨化食品。

宝宝的食物应切碎煮烂，尤其是肉类食物，给宝宝吃鱼一定要剔净鱼刺。蔬菜的纤维也要切断，在此基础上，烹调仍应做到色、香、味俱全。

保证宝宝每天早晚都要喝牛奶。

体能和智能

锻炼宝宝支配身体的能力

这个时期，宝宝已经能独立行走，这时就要使眼、脑、脚以及全身动作协调起来了。为了锻炼宝宝的眼、脑和脚的协调性，除节假日带宝宝进行室外活动，如在大自然中尽情活动，日常也可以扶宝宝多做爬楼梯的运动。让宝宝进行爬楼梯训练，既可以增强宝宝腿部的力量，为今后的跑跳打下基础，又可以训练宝宝大脑和腿、脚部运动的协调性。

上楼梯训练

训练时，爸爸妈妈可以将宝宝喜欢的玩具放到楼梯的台阶上，引起宝宝拿玩具的欲望。或者妈妈站在楼梯

上，向宝宝拍手，并喊宝宝的名字，爸爸扶着宝宝慢慢上楼梯。

下楼梯训练

训练时，由于宝宝掌握不好身体的平衡，可以先拉着宝宝的手，站在上面让宝宝体会高和低的感觉。训练一段时间后，等宝宝不害怕了就可以鼓励宝宝自己扶着栏杆下楼梯，但爸爸妈妈要注意随时保护。

■ 玩沙土游戏

沙土含有对人体健康有益的元素，爸爸妈妈可以教宝宝玩各种沙土游戏，如挖洞、堆成各种形状等，还可以示范性地用胶泥捏一些简单而可爱的形象，引发宝宝的兴趣。

当然，爸爸妈妈在教宝宝玩沙子或捏胶泥时，不仅要选择干净无污染的沙子和胶泥，而且游戏结束后一定要让宝宝洗手。

健康与安全

■ 宝宝不好好吃饭怎么办

宝宝1岁以后，对吃饭的兴趣再也不像以前那么浓厚了，吃饭成了父母最头疼的一件事情。

如果宝宝边吃边玩，说明宝宝的肚子确实不太饿，如果宝宝确实肚子

饿了，他是不会到处玩的。在这种情况下，父母就应该态度坚定地把饭菜收走。如果宝宝见状哭起来，可以再给他一次机会，假如宝宝无动于衷，就不要再喂下去了。即使宝宝吃得很少，也不要过一会儿再给宝宝吃，但可以将下一餐吃饭的时间提前些，待宝宝真正饿时，就会老老实实地吃饭了。

要想使宝宝能够顺利地进食，父母就要给宝宝创造一个安静、愉快的进食环境。让宝宝主动参与吃饭的准备工作，如洗手、拿小椅子等，并拿走宝宝的玩具，让宝宝意识到马上就要吃饭了，将注意力转移到饭菜上来；同时吃饭时不要训斥宝宝，如果宝宝表示不愿再吃，爸爸妈妈就不要再勉强。

第50周

1周
2周
3周
4周
5周
6周
7周
8周
9周
10周
11周
12周
13周
14周
15周
16周
17周
18周
19周
20周
21周
22周
23周
24周
25周
26周
27周
28周
29周
30周
31周
32周
33周
34周
35周
36周
37周
38周
39周
40周
41周
42周
43周
44周
45周
46周
47周
48周
49周
50周
51周
52周

日常护理

✿ 宝宝每日作息时间安排

每个宝宝都有各自的生活规律，父母应根据宝宝的特点来制定生活制度和作息时间。制定生活制度和作息时间应以吃饭和睡觉为中心，穿插配合其他生活内容。下面的作息时间安排方案可供父母参考：

6：30～7：00　起床、大小便。

7：00～7：30　洗手、洗脸。

7：30～8：00　早饭。

8：00～9：00　户内外活动、喝水、大小便。

9：00～10：30　睡眠。

11：00～11：30　午饭。

11：30～13：30　户内外活动、喝水、大小便。

13：30～15：00　睡眠。

15：00～15：30　起床、小便、洗手、加餐。

15：30～17：00　户内外活动。

17：30～18：00　晚饭。

18：00～19：30　户内外活动。

19：30～20：00　晚点、漱洗。

20：00～次日晨　睡眠。

✿ 教宝宝自己洗手

这一时期的宝宝好玩好动，而且特别喜欢玩水，经常会把衣服弄湿、弄脏。所以不少父母顾虑重重，认为宝宝年龄还小，只不过喜欢玩水而

爸爸妈妈要鼓励宝宝自己进食。因为自己吃饭不仅可以训练宝宝的动作发育及手眼协调能力，还可以培养宝宝对饮食的兴趣，增进食欲。在很多情况下，宝宝把自己拿小勺舀饭当做玩游戏，抓着小勺"全力以赴"对付碗中的食物。待经过"不懈努力"将食物喂进自己口中时，宝宝的兴致就更高了，似乎还有一种成就感。

在宝宝进食时，爸爸妈妈要注意训练宝宝咀嚼和吞咽固体食物的能力，宝宝把食物吃进去后，要告诉宝宝充分咀嚼后再咽下。因为吮吸与咀嚼是两种完全不同的进食动作，宝宝必须通过训练才能适应。另外，咀嚼锻炼可以促进上、下腭骨的生长发育，也是在为换牙做准备，也可避免牙齿排列不齐及宝宝咀嚼困难。

已，不会学会自己洗手。其实，宝宝对父母教他洗手是很感兴趣的。只要方法得当，宝宝也能很快学会自己洗手、洗脸。训练时，父母可以一边和宝宝玩肥皂泡泡，一边教宝宝洗手的动作，同时也要教会宝宝如何开或关水龙头，如何使用毛巾擦手等。只要坚持一段时间，宝宝就能学会自己洗手甚至洗脸了。

不要盲目地补充营养品

现在，市场上为宝宝提供的各种营养品很多，有补锌的、补钙的、补

喂养要点

训练宝宝咀嚼和吞咽

这个时期的宝宝，独立意识更强了，喜欢自己握杯抓勺，自己取食物吃，这是宝宝从喂食到自食的开始。

1周
2周
3周
4周
5周
6周
7周
8周
9周
10周
11周
12周
13周
14周
15周
16周
17周
18周
19周
20周
21周
22周
23周
24周
25周
26周
27周
28周
29周
30周
31周
32周
33周
34周
35周
36周
37周
38周
39周
40周
41周
42周
43周
44周
45周
46周
47周
48周
49周
50周
51周
52周

充赖氨酸的，有开胃健脾、补血滋养的等，琳琅满目，眼花缭乱，有时的确令许多父母无所适从，不知该给宝宝服用哪一种更好。

其实分析研究一下这些营养品的成分就不难看出，里边的一些成分在日常食物里就含有。比如赖氨酸缺乏主要是发生在那些长期吃米、面，而缺乏肉、蛋、奶、鱼动物性食品的宝宝中，常吃鱼、肉、蛋、奶的宝宝就没有必要去补充。人体并不可能每种微量元素都缺乏，即使缺乏，量也不一样，盲目地补充对宝宝的身体是没有益处的。不正确或过量食用补品也会对宝宝造成危害。因此，不要给宝宝随意添加补品。

体能和智能

球类游戏益处多

父母可以和宝宝玩球类游戏，如可以进行扔球、捡球、接球、滚球、踢球等，有助于促进宝宝的走、跑、扔、投掷、弯腰捡拾等基本动作的发展，使宝宝上、下肢肌肉得到锻炼，动作更加灵活协调，还可以培养宝宝的注意力和观察力。让宝宝和其他小朋友一起玩球，通过集体活动与他人建立良好的关系，培养相互合作的意识。

训练宝宝的平衡能力

训练宝宝身体的平衡能力，既可以培养宝宝注意力，又可培养其勇敢精神。下面两种方法可供妈妈和爸爸参考：

被子摇摇船游戏

做这个游戏时，爸爸妈妈要准备一条毛巾毯或薄被子，让宝宝仰卧在毛巾毯或薄被子中，父母各抓住一端的两角，慢慢左右摇晃，摆动的幅度与速度要逐步增加。

平衡木或滑梯游戏

公园和游乐场所有小平衡木、小滑梯和适合宝宝玩耍的攀登架等设备，爸爸妈妈在带宝宝到这些场所玩耍时，可以让宝宝利用这些设施进行游戏，并增加乐趣。

健康与安全

帮宝宝克服咬人习惯

这个时期的宝宝，常常发生咬人的事情。宝宝咬人的原因有几种。如有的因牙床发痒而咬人，这个时期的宝宝正处于生理发育的高峰期，而且处于长牙期，会因为牙龈黏膜受到刺激，而发生牙痒痒的现象，于是有不少宝宝由于牙痒而咬人。随着宝宝活动能力的增强，以及活动范围的扩大，宝宝与人交往的需要表现得日益明显。但是，由于言语贫乏，无法表达出自己心中的想法，又不懂得如何与人交往，所以宝宝常常用推、拉、咬等特殊手段来引起同伴的注意，以此实现交往和表达意愿的目的。还有

的宝宝将咬人当做一种发泄，或者出于好奇的模仿。

宝宝咬人的解决方法

让宝宝多玩安静的游戏，保证宝宝有充分的睡眠。研究结果显示：强度刺激是引起宝宝咬人的最常见的因素之一。一个拥有安静的睡眠，并且睡眠充足的宝宝一般较少用牙齿咬人。让宝宝玩安静的游戏，可以平静宝宝的情绪，即使宝宝心有不满也不至于采取暴躁的咬人行为。而且当宝宝出现不满情绪时，也可以用安静的游戏进行转移，让宝宝尽快忘记刚才的不快。

父母要明确地告诉宝宝"咬人是不好的行为。父母、老师和小朋友都不喜欢咬人的孩子。"父母要对宝宝反复强调这种思想。当看到宝宝有咬人的倾向时，就要用话语或眼神严厉地制止。

父母需要特别注意的是：如果宝宝是由于性格上的某些原因而引起的咬人，如敏感、霸道和过强的表现欲等，就要引起注意。父母应及时予以帮助和教育，以免影响宝宝性格的塑造。如果发现宝宝已经成为习惯性咬人，就要请儿科医生加以诊断。有的宝宝咬人是由于药物治疗引起情绪不稳所致，这种情况可以通过调整药物进行改善。

第51周

1周
2周
3周
4周
5周
6周
7周
8周
9周
10周
11周
12周
13周
14周
15周
16周
17周
18周
19周
20周
21周
22周
23周
24周
25周
26周
27周
28周
29周
30周
31周
32周
33周
34周
35周
36周
37周
38周
39周
40周
41周
42周
43周
44周
45周
46周
47周
48周
49周
50周
51周
52周

日常护理

宝宝可以自己睡

不少父母担心宝宝一个人睡受凉，要么喜欢和宝宝睡同一个被窝，要么把宝宝放在父母中间睡。其实，这两种方法都是不科学的，这个年龄的宝宝最好自己睡。

让宝宝和父母同睡一个被窝，可能夜间照顾宝宝时比较方便一些，但对宝宝的身体健康是有害无益的。通常父母总是先将宝宝哄睡之后，干完一些其他事情再上床睡觉，这时可能会惊醒宝宝。而且在夜间无论父母还是宝宝，只要一方醒来，就会影响对方睡眠，长此以往彼此都休息不好。另外，父母与宝宝同睡一个被窝时，由于父母与外界接触机会较多，身上携带的各种病菌，也可能会感染抵抗力弱的宝宝，容易使宝宝患上疾病。

如果宝宝睡在父母中间，父母排

出的二氧化碳弥漫在周围，非常容易使宝宝处于缺氧状态而容易发生呼吸窘迫，出现睡眠不安、做噩梦或半夜啼哭等现象，进而会妨碍宝宝的正常生长和发育。此外，由于宝宝睡在父母中间，使床面变得比较拥挤，在睡眠中如果父母翻身时一不小心，还可能会压在宝宝身上而发生危险。

因此，从这个年龄开始，宝宝最好自己独睡。如果父母为了夜间照顾宝宝方便，可以把宝宝的小床放在大床旁边，这样可以一举两得。父母应培养和巩固宝宝自动入睡和单独睡觉的习惯，这既利于宝宝的身体健康，又可培养宝宝独立生活的能力。

保护宝宝的眼睛

婴幼儿时期，既是宝宝视觉发育的关键时期和可塑阶段，也是预防和治疗视觉异常的最佳时期。因此，保护好宝宝的眼睛要从小开始。

根据照明的要求，宝宝居住、玩耍的房间，最好朝南或朝东南方向，

窗户要大而且便于采光。如果自然光不足时，可加用人工照明。人工照明最好选用日光灯，一般电灯泡照明最好再加上乳白色的圆球型灯罩，以免光线刺激宝宝的眼睛产生视觉疲倦。此外，宝宝房间的家具和墙壁最好是鲜艳明亮的淡色，如粉色、奶油色等，这样可巧妙利用光的折射，增加房间的采光效果。

喂养要点

■ 正确看待宝宝挑食

这个时期的宝宝会挑食，挑自己喜欢的东西吃，而对于不喜欢吃的食物，坚决拒吃。宝宝会挑选食物，说明宝宝已对食物有了一定的了解，开始会辨别不同食物的特色了，这种本能的选择是自然的，没有偏见的，也是爸爸和妈妈应该允许的，因为这还不能同大宝宝的挑食相提并论。

曾有人对宝宝自己选择的食品，做过一个试验，结果得出3点重要的规律。

从各种非精制食品中自由选食的宝宝发育情况很好；

从一个阶段来看，每个宝宝自己选择的饮食，其搭配是平衡饮食；

宝宝每天、每顿的饮食情况都有很大的差异，从每一餐的角度看，宝宝的饮食是不平衡的。

这3个规律可以给家长这样一个启示：正常的宝宝是完全可以从爱吃的食物中，选择出有益健康的饮食组合。家长可以放心地允许宝宝按照自己的想法去喜厌某种食物，不必大惊小怪，过分的关注和担心有时反而会起反作用。

1周
2周
3周
4周
5周
6周
7周
8周
9周
10周
11周
12周
13周
14周
15周
16周
17周
18周
19周
20周
21周
22周
23周
24周
25周
26周
27周
28周
29周
30周
31周
32周
33周
34周
35周
36周
37周
38周
39周
40周
41周
42周
43周
44周
45周
46周
47周
48周
49周
50周
51周
52周
228

体能和智能

语言能力的训练

创造说话的语言环境

语言是在与人交往和接触中产生和发展的。所以宝宝语言能力的好坏，在很大程度上取决于宝宝所处的环境及父母对宝宝在语言能力方面的培养方式。

宝宝刚出生时，发音器官就是完整的，但是只能通过"哭"来表达情感，因为语言的表达不仅需要宝宝身体的发育成熟，还需要父母创造的外部环境和条件。宝宝在开口说话之前，要听到、看到父母的声音和说话时的表情，才能学会。因此，父母要常和宝宝交流，宝宝通过反复的语言训练，能够逐渐懂得话的意思，进

而可以说出有意义的话，而不再仅是"啊、哦、呜"的呢喃声。

创造说话的机会

宝宝学会说话的早晚，并不在于智力差异，而在于父母的教育和训练。这时的宝宝已经能听懂父母说的话了，父母就要多给宝宝创造说话的机会，训练宝宝模仿发音，一个字一个字耐心地教给宝宝。还应该多和宝宝聊天、多给宝宝读书等，鼓励宝宝多听、多说、多练。

让宝宝把话说出来

宝宝在这一时期说话仍然限于个别简单的词，在宝宝提要求时，还是只会用动作来表示。父母在这时要鼓励宝宝把想要的说出来，比如说出"是""要""不"等，等宝宝说出来后，父母再满足宝宝的要求。

给宝宝下达命令

生活中，父母可以给宝宝下达一些命令，比如"把板凳拿过来""坐下、起立""把小熊拿给我玩一会儿"，当宝宝做到后，父母要及时表扬和鼓励宝宝。

健康与安全

宝宝乳牙迟萌

这个时期的宝宝，大多数已经长

出8颗左右的牙齿了，虽然宝宝长牙的时间也因人而异，但差异应该不是很大的。如果宝宝1周岁了还没有长出1颗乳牙，医学上将这种现象称之为乳牙迟萌。相对来说，乳牙迟萌要比乳牙早萌发生的频率高。

乳牙迟萌的原因大致上分为两类，即局部原因和全身原因。前者多为外伤引起的牙龈肥厚增生、腭裂；后者多为发育障碍、营养障碍、内分泌功能障碍、甲状腺功能不全和颅骨或锁骨发育不全等。

对乳牙迟萌的宝宝，建议父母带宝宝到医院拍X线，首先排除先天性缺牙的可能性。如因牙龈肥厚阻碍牙齿萌出时，可在局部麻醉下切开牙龈以帮助牙齿萌出。如为全身性疾病引起的乳牙迟萌，则应对全身性疾病进行治疗。注意，一定要在专科医生的帮助下诊治，以免延误宝宝的治疗。

帮助宝宝清洁牙齿

从宝宝一出生父母就应开始帮助宝宝清洁牙齿了，因为，乳牙龋病预防的最重要时期是宝宝牙齿开始萌出，到萌出后3年之内。2岁以内的宝宝，还不会自己进行牙齿的清洁，这就需要父母帮助清洁牙齿。具体可采用以下几种方法：

开始时，可在宝宝进食后喂点温开水，以便冲洗口腔中残留的食物。再将干净的纱布裹在用于清洁的示指或中指上，轻轻擦洗宝宝的上下牙齿及牙龈，因为食物最容易滞留在牙颈部，因此，擦洗方向应从牙颈部向牙齿咬东西的切端移动。

也可用一种硅橡胶制成的牙刷指套，来代替纱布，按照上述的方法清洁宝宝的牙齿。

宝宝再大一些时，父母就可以让宝宝自己刷牙了。刚开始时，宝宝都是将牙刷含在嘴内，边玩边咬，进行简单的横拉动作，这时，父母应告诉宝宝，力量不要过大，防止牙刷损伤牙龈及口腔软组织。并且逐步帮助宝宝养成清洁牙齿的正确方法。

第52周

1周
2周
3周
4周
5周
6周
7周
8周
9周
10周
11周
12周
13周
14周
15周
16周
17周
18周
19周
20周
21周
22周
23周
24周
25周
26周
27周
28周
29周
30周
31周
32周
33周
34周
35周
36周
37周
38周
39周
40周
41周
42周
43周
44周
45周
46周
47周
48周
49周
50周
51周
52周

日常护理

▓ 训练宝宝自己大小便

满1岁之后，可以训练宝宝自己坐盆大小便了。训练宝宝自己坐盆大小便的时间，最好选择在温暖的季节，以免宝宝的小屁股接触冰冷的便盆时产生抵触情绪。

一般来讲，1岁以后宝宝每天小便约10次。父母应掌握宝宝排尿的规

律、表情及相关的动作等，发现后立即让宝宝坐盆。逐渐训练宝宝排尿前向父母作出表示，如果宝宝每次便前主动表示，父母要及时给予积极的鼓励和表扬。同时，由于气候温暖，宝宝出汗多，小便少，间隔时间也比较长，父母对宝宝大便的规律比较容易掌握，也好让宝宝练习坐便盆。

1岁以后，宝宝的大便次数一般为每天1～2次，有的宝宝每两天1次。如果很规律，大便形状也正常，父母就不必过于担心。大部分的宝宝在早上醒来后大便，大便前宝宝往往有异常表情，如面色发红、使劲、打颤和发呆等。只要父母注意观察，就可以逐步掌握宝宝大便的规律。让宝宝坐便盆大便的时间不宜过长，以不超过5分钟为宜。

开始训练宝宝坐便盆大小便时，父母可以在宝宝旁边给予帮助。随着宝宝逐步长大和活动能力的增强，以后宝宝就学会自己主动坐便盆大小便了。

❋ 穿鞋的要求

宝宝自己会走路了，妈妈为宝宝选择一双合脚的鞋子是非常必要的。适合宝宝穿的鞋子最好是以棉布制成的，既要结实又要柔软，而且必须合脚。为了不限制宝宝脚的正常发育，鞋的前端应该头圆而宽大。市场上出售的运动鞋可供选择，但需选择那些面料软、能透气的。

喂养要点

❋ 尽量少吃精细食物

这个时期的宝宝正是生长发育旺盛的时期，应补充更富营养价值的饮食，而精细食物的营养成分因丢失太多，而且含纤维素少，不利于肠蠕动，容易引起便秘。因此，宝宝应适当吃一些粗糙的食物。比如糙米和白米的营养价值是不同的。糙米就是仅去除稻壳，未经加工的米，这些米保留着外层米糠和胚芽部分，含有丰富的蛋白质、脂肪、铁、钙和磷等矿物质，以及丰富的B族维生素、纤维素，米仁部分含有淀粉，这些营养素对人体的健康极为有利；而白米的米粒是经过精研细磨后，剩下的主要是淀粉，损失了最富营养的外层。因此，从米的营养角度看，糙米比精白米的营养价值高，而且越精制的食物往往丢失的营养元素越多。

但是，提倡宝宝吃些粗糙食物，并不是说宝宝吃的食物一定顿顿要粗糙，因为宝宝的消化功能还是较弱的。所以宝宝吃的食物，既不要过于精制，也不要太粗糙。

1周
2周
3周
4周
5周
6周
7周
8周
9周
10周
11周
12周
13周
14周
15周
16周
17周
18周
19周
20周
21周
22周
23周
24周
25周
26周
27周
28周
29周
30周
31周
32周
33周
34周
35周
36周
37周
38周
39周
40周
41周
42周
43周
44周
45周
46周
47周
48周
49周
50周
51周
52周

❀ 正确吃点心

点心不能当饭吃，不能一次吃得过多。如果把点心作为补充，或调剂一下宝宝的胃口，是可以的。但对那些食欲很好，吃饭不成问题的宝宝，就应尽量少吃点心，以免宝宝营养过剩，导致肥胖。而对那些食欲不佳，饭量小的宝宝，应该注意适当吃一些点心。可以在两餐之间给，以作为营养的补充。但不要在正餐时间吃，以免影响宝宝正常的食欲。

给宝宝所吃的点心，要加以选择。因为点心的品种很多，营养价值也不同。在选购点心时，注意不要买太甜的，因为太甜，容易让宝宝伤食，对牙齿也有害。记住，吃完点心后，要让宝宝喝些开水，清除一下口腔中的食物残渣。

体能和智能

❀ 培养宝宝的耐心

这个时期的宝宝，一般都是属于感觉型或冲动型的，当有什么要求时，还不善于用语言表达，大多数是用哭声表达的。由于妈妈、爸爸和这个年龄的宝宝几乎随时都在一起，所以对于宝宝生理的需求，以及渴望父母关注和爱抚的心理需求，随时都能满足。也正是因为如此，随着宝宝各种欲望和需求的增加，当自己的愿望或需求不能及时满足时，就会缺乏耐心或者不擅长等待，甚至稍不如意就大发脾气。其实，这并不是宝宝天生的性格，而是父母长期娇惯"培养"出来的。

对于这种缺乏耐心的宝宝，那种二话不说、立即满足的做法，虽然充满爱心但缺乏科学的教育方法，对宝宝的性格培养训练是不利的。这时，父母可以尝试用延迟满足的方式来矫

正宝宝的急躁行为。比如，当宝宝用哭声召唤妈妈，想要喝奶的时候，如果不想马上满足宝宝，就可以在远远的地方应答："妈妈就来了。"但你却从容地走过来，来到宝宝身边之后，也不急着马上给宝宝奶瓶，而是拿着奶瓶和宝宝说几句话，尽量拖延几秒钟，以培养宝宝耐受延迟满足的能力。

不能体罚宝宝

这一时期的宝宝，对见到的任何东西都充满了好奇，有时难免做错事，如把爸爸的书撕坏、把妈妈的衣服弄脏。在这种情况下，用责打的方式来教育宝宝，是非常错误的做法，一会给宝宝的心灵带来伤害；二这样做很危险，因为父母的手脚重，气头上更是如此，有时候难免会伤到宝宝。

对做错事的宝宝，父母要查找原因。比如，宝宝把自己的图画书一页一页地撕破，大多数父母看了都以为，宝宝有破坏东西的坏习惯，必须惩罚才能让宝宝长记性。但是，事实并非如此。如果是一个4岁的孩子，这也许是一种反抗性的破坏行为，可对于才学步的宝宝，事情就不同了。对这个年龄的宝宝来说，撕书只是他们想了解书到底是一种什么样的东西。通过自己的行为，对事物有一个

初步的探索。这一时期的宝宝不仅把书一页一页地撕下来，说不定还会把其中几页塞进嘴里去。父母不能把这种探索环境、满足好奇心的行为与大孩子的反抗行为混为一谈，更不能对宝宝进行体罚。

健康与安全

正确对待宝宝的正常反抗心理

宝宝产生反抗行为，是成长过程中的必经阶段，同时也是宝宝正常发育和健康成长的一个标志。为了避免宝宝长大以后形成唯唯诺诺、百依百顺的懦弱性格，父母一定要正确对待

1周
2周
3周
4周
5周
6周
7周
8周
9周
10周
11周
12周
13周
14周
15周
16周
17周
18周
19周
20周
21周
22周
23周
24周
25周
26周
27周
28周
29周
30周
31周
32周
33周
34周
35周
36周
37周
38周
39周
40周
41周
42周
43周
44周
45周
46周
47周
48周
49周
50周
51周
52周

宝宝的正常反抗心理。

一般来讲，情绪容易紧张的宝宝更易产生反抗心理。对于这些宝宝，父母应设法缓解宝宝的紧张情绪。比如当宝宝疲惫和饥饿的时候，让宝宝及时休息或者吃一些平常喜欢的零食，有助于缓解宝宝的紧张情绪，而不应教宝宝学习新东西或做其他事情。如果周围环境发生变化或身体状况不佳时，也可能会让宝宝精神紧张而产生反抗心理。比如，当宝宝生病时，通常会情绪低落，容易和父母对抗，这时父母应理解宝宝，在宝宝生病期间，不妨采取一些宽容的态度和做法。

在现实生活中，虽然独立是宝宝成长过程中的重要一步，但2岁左右的宝宝还太小，不知道自己行为的后果。因此，父母除了采取妥善的方法对待宝宝的反抗心理之外，还应教宝宝学习考虑他人的感受。随着宝宝年龄的增长以及思维能力和记忆能力的增强，会通过倾听和用语言来表达自己的意愿或执行父母的指令，也可以较好地控制自己的情绪和行为，从而逐渐度过这段反抗心理期。